湛庐

CHEERS

与最聪明的人共同进化

HERE COMES EVERYBODY

U0306978

那些
比答案
更重要的
好问题

思想马拉松
系列

Cheers
Mindthon

湛庐文化
编著

关于
未来的 14 种
理解

浙江教育出版社 · 杭州

思想者的第二天性

韩焱　湛庐文化董事长

科学史学家史蒂文·约翰逊（Steven Johnson）在《助燃创新的人》（*The Invention of Air*）中曾这样写道："如果你想弄明白那些改变世界的问题，那么你必须从化学、历史学、生态学、地质学那里寻求帮助。"这种知识敏感性，这种对知识连接的感受力，就是思想者的第二天性，也是今时今日发明创造的根。

普里斯特利对跨界知识和创新之间的关系有一个非常生动的比喻。他认为人类所有的创新之下，都有一种深层的力量在运作，这种力量推动了知识板块的运动，正如地壳板块运动，板块和板块之间的移动与摩擦会引起巨大的震荡，让地表隆起，形成高耸的山峰。同理，各个知识领域之间的碰撞则会让创新的思想逐渐隆起，参与的思想板块越多，碰撞得越激烈，这个创新思想的影响力就会越大。

要想做非凡的事，
就要把非凡的人聚在一起

终于等到了今天的到来，激动和兴奋都不足以形容我此刻的感受。从我产生举办这样的"思想领航者聚会"的想法到现在真正达成，大概已经有 10 年的时间了。很多读者看过湛庐"对话最伟大的头脑"系列图书，这个系列源于"世界上最聪明的网站"Edge 举办的一项活动：每年夏天会邀请 100 位世界顶尖的各个领域的专家，也就是"最伟大的头脑"聚集到一起，坐在同一张桌子旁，共同解答关乎人类命运的一个大问题。我们一直很想在中国做这种类型的尝试，但是阴差阳错总是没有成型。所以，大家看到我们把它演化成了各种各样的方式，比如我们带国内的一些精英去美国游学，也就是"对话最伟大的头脑"游学项目（Futuretrek），还有面向大众的"12＋思想节"，以及"CHEERS·湛庐年度大会"。

有一句话说得好，要想做非凡的事，就要把非凡的人聚在一起。湛庐一直希望致力于做的事情，就是创造这样一个场域，让各个领域的"思想领航者"能够面对面交流各个领域最值得关注的新研究、新发展以及新成果。我希望这样的场域能够达成以下两个结果：

● 让高端的内行与高端的外行相遇，互相碰撞出高质量的观点。

真正促动重要领域之间、最前沿思想之间的理解、交流和碰撞，促成更多的观念"地震"，催生更有影响力的创新思想。

● 把各个领域并非广为人知但又非常重要的、最前沿的思想带给尽可能多的知识精英，鼓励更多的普通读者亲近最前沿的知识。我们希望，湛庐能尽力地把大众的认知水平从已知世界向未知世界的边界推进。

每一个站在某个特定知识前沿的人，都有可能不知道站在其他知识前沿的人在思考什么。因此，物理学家需要了解生物学家，脑科学家也需要了解社会学家。我们希望创造这样一个场合，让观点碰撞，让领域跨越，让思想的孤独被打破，让思考开始大融合。

思想融通，才能共创理解

思想的融通其实是在呼唤一种新的"生态系统"，这个生态系统可以作为一种知识模型，它将突破时间和空间的局限，从一个范围扩展到另一个范围，从一个学科迁移到另一个学科，从而对思想进行阐释。

20 世纪 80 年代中期，美国国家航空航天局（NASA）下属的学者委员会绘制了布雷瑟顿示意图（图 O-1），这张图显示了全球生态系统是如何运作的。

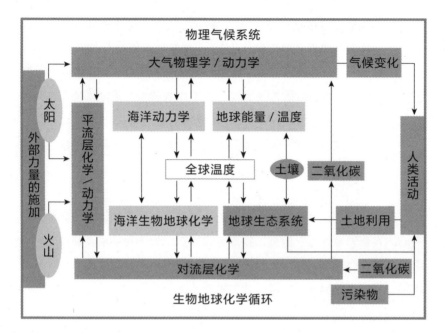

图 0-1　布雷瑟顿示意图

出自《地球系统科学概述概览》(美国国家航空航天局，1988 年)

　　从图中你可以看到，在这个密集互联的体系里，究竟有多少不同的学科被结合在一起。要想理解这整个体系，需要经济学家、微生物学家、大气物理学家、海洋生物学家、地质学家、城市历史学家、化学家等共同协作。但其实这些知识群体因为各自掌握的专业语言不同，几乎不会有机会围坐在同一张桌子旁。然而，若想了解和掌握布雷瑟顿示意图这一类的复杂体系，这些高级头脑不得不互相交流、互相帮助，学着去共创一种能够使彼此之间达成理解的共同语言。

而"思想马拉松"便是一个"思想的生态系统"。从技术到生命、从宇宙到大脑、从网络到认知，这个系统汇集的思想尺度可以说非常大。它是一个最接近完美的生态系统。事实上，每一个观点都在产生新的观点，每一次碰撞都在助推思想的进化。这样的化学反应便是一场共同语言的达成过程，也将关乎我们人类的未来发展。

　　在这趟旅程中，我们会聆听这些特别复杂、特别聪明的头脑正在思考的问题——也许是一种新的自然科学，也许是一系列理解世界的新方法，甚至是质疑我们很多基本假设的新思维。我们会聆听他们讨论那些"我们不能预知答案，但又确实关乎我们自身的问题"，他们会带领我们直抵知识的边界。与伟大的头脑对话，虽然不一定能让我们自己也伟大起来，但这一定是让我们摆脱平庸的最好方式之一。

　　总有远方可以抵达，让我们一同启程吧！

目　录

想了解更多关于那些好问题的答案吗？
扫码下载"湛庐阅读"App，
搜索"思想马拉松"，
获取精彩视频。

01
人的智能如何
与越来越强的机器
无限连接？

ARTIFICIAL
INTELLIGENCE

CH

MIND

EERS
THON

未来，机器智能强大到
一定程度的时候，
我们要如何与机器共生？

宋继强

英特尔中国研究院院长

探究智能边界的故事要从我所供职的英特尔中国研究院讲起。英特尔中国研究院成立20多年来，不断拓展着智能的边界：一开始研究语音智能、语音识别、自然语言处理（NLP），后来研究计算机视觉，再后来研究无线网络，做3G、4G，现在又开始研究无人驾驶和机器人。在这个过程中，我逐渐体会到，多种技术的交汇快速地促进了机器智能的发展，从中也可以看到人的智能是如何发展的、机器的智能是如何发展的，这些都会给未来带来启发。

　　随着5G时代的到来，到2020年，会有500亿台设备接入互联网。而在更远的未来，会有数倍于人类的智能设备与网络连接。当如此多的设备互联起来，构成一个巨大的网络时，会带来怎样的效应？人类又会以什么样的模式存在其中？

机器智能未来必将超越人类智能

过去这些年里，机器智能的边界在不断扩展。智能机器人领域的研究已经持续了四五十年。不只是原始的工业机器人，服务机器人也有 30 多年的研究历史。这些研究大大增强了机器的运行能力，使机器可以替代人类自己进行活动，甚至某些能力已经超越了人类。目前，这些技术已经大量投入使用。而且近五六年来，机器学习的算法发展得很快，尽管距离机器完全理解"发生了什么"还有很长一段路要走。随着更好、更便宜的硬件和传感器出现，以及设备之间实现无线低延迟互联，还有源源不断的数据输入，机器的感知、理解和联网能力会有更广阔的发展空间。基于这些观察，我得出了这样一个结论：机器智能未来必将超越人类智能。然而，我无法确定它会在何时发生，也没有像奇点理论那样给出一个确切的时间点，比如 2035 年或者哪一年，但这个趋势一定是存在的。

如果这个趋势必然发生的话，我们就要思考：人类智能和机器智能的关系到底是什么样的？未来机器智能强大到一定程度的时候，我们要如何与机器共生？如果我们希望得到一种比较好的结果，又该怎么做？

从人类个体的智能来看：人类智能的发展上限是很明显的，因为人类的脑容量有限，能够记住的东西也很受限。举个简单的例子，由于时代的发展，我们与父辈相比，或者我们的孩子与我们相比，所学知识的广泛度和先进程度是非常不一样的。也许 20 年后，像我们这样年纪的人，他们的智能会超过现在的我们。但是能超出多少？会是我们的 2 倍吗？可能没有那么多。

从空间维度来看：把多个不同专业背景的人聚在一起，可以促成一些更大的事情发生，催生一些更好的创意。但人员过多可能就不行了，因为相关度下降，边际效应递减，而且不容易统一意见。我认为这个人数的上限是 100 人左右。

那么人类多年来取得的巨大进步和整个社会的发展靠的是什么？靠的是各种各样的技术突破和对工具的巧妙利用。在过去的数百年里，人类学会了使用机械能，学会了用电，学会了制造各种机械，学会了制造飞机、汽车；在过去的数十年里，人类学会了计算机、互联网、云计算、人工智能和 5G 通信技术。这些都是可以利用的工具，包括运用云端的智能扩展信息和知识搜索的广度、加深推理的深度、帮助我们做非常复杂的运算。我们需要更好地掌握和利用这些技术，帮助人类最大程度地发挥智能潜力。

人类智能的边界在于如何与越来越强大的机器连接，把机器作为人类的扩充。

基于这些思考，人类智能的边界其实在于如何与越来越强大的机器（这里把机器作为各种新技术的载体）连接，把机器作为人类的扩充。

对于机器智能的发展，人类当然可以发挥设计者和管理者的作用。如果不能很好地运用机器智能，人类就有可能被其控制。但是我相信，在未来，人类在很大程度上可以很好地与机器连接并利用它们，而人类的智能水平也会得到大幅提升。

机器智能跃迁的三大要素

机器智能的发展与三大要素有关：第一是认知能力，第二是学习能力，第三是处理不确定性的能力。

认知能力即对周围环境，包括人、物及其关系的理解能力——不只是看到，还要能够理解这里正在发生什么和未来可能会发生什么。不过，拥有认知能力不等于拥有学习能力。也许机器完全能够处理眼前的状况，但它能够自己学习与提高吗？不一定。机器学习的未来发展有三种可能：第一种可能是，机器继续在人的帮助下学习，我们通过标注一些结果、内容来训练它们；第二种可能是，我们只通过视频来展现动作，让机器自己学习；第三种可能是，机器从自身生成的样本、从自然界，或者从人类为其构造的例子中学习，并自己根据规则产生大量的例子来练习。这三类学习方法可以组合使用，来训练包含感知、认知和行为能力的机器智能。

处理不确定性的能力则是人类最大的一个优势。比如，你在开车时看到前方有如下场景：左边是一个骑自行车的人，右边是一个小孩，路上有一个球。此时，你需要判断小孩会不会去捡球，如果去捡球的话，汽车该如何避让，而左边骑自行车的人会不会看到，这些都属于不确定性。现在的自动驾驶软件都是根据感知输入做出确定的判断和行动规划的，并不能处理这些不确定性。但未来的机器需要并且能够对这些进行处理。尽管输入的数据中有很多是有噪声的，但我们可以用概率计算的方式来解决。

对于这些被称为自主系统的智能机器，特别是自动驾驶系统和机器人来说，有些场景是有危害的，而且这些场景中都包含大量的可变因素和感知过程的不确定性。既然不能在真实场景中做实验，那就要在模拟器中做。整个训练和测试过程需要大量的计算与存储资源，这也是网络和云计算带来的便利。

机器是否能做到理解？

机器的认知能力在不断增强，现在它们已经能够识别视觉数据里的一些东西，例如人和物体。那么机器能否理解此时发生了什么？让我们来看一个例子（见图1-1），图中的英文字幕描述了其所在的视频场景中正在发生什么。这个英文字幕并不是人写的，而是机器自动生成的，由算法产生。图中显示的只是一条挑选出来的最佳描述，其实算法看到了更多的信息，包括时间维度和视频里的空间维度，因此可以给出更多的信息。我们看到，算法挑选出来的这条字幕已经和场景非常相关了。比如，当只看到一个人的时候，它会描述成"一个人在讲话"；当看到PPT的时候，它会描述成"一个人在演讲"；当看到下面观众的时候，就转而描述成"一个人在一群人面前做一个报告"。所以，机器理解环境场景里发生了什么的能力正在提高，而这项进展不过是在过去两三年内实现的。

图 1-1　机器如何理解环境

　　我们可以预想到在未来，人类会让一台机器去了解某个环境里正在发生什么，这些人之间有怎样的关系，他们想干什么，或者说他们有什么意图。当机器对这些问题都有比较好的把握时，就意味着机器的认知能力已经达到了可用的水平。

　　关于机器的认知能力，比较关键的一点是它有一个完整的框架（见图 1-2）。图中左边是多模态信息的输入，右边是认知结果的输出，底部是知识的输入。在多模态输入这一层，视频、音频和语言文字等都是机器从现场环境中观察到的，属于感知层的输入信息。视觉识别、语音识别和文字识别的作用是较为真实地将当前场景数字化，使其成为语义信息。但这不包括历史信息和机器观察不到的知识。因此，为了让机器能够理解环境，我们需要给它连上知识库和历史信息，把它看不到的东西加进来。这样机器才能够从多模态的输入中融合已经看到的信息和知识，并加以分析，最终达成对场景的理解。多模态的信息融合和知识图谱整合的框架对于机器认知的发展是非常关键的。关于其中使用的各种算法的选择和发展，许多人类算法工程师发挥了巨大的作用。

图1-2　多模态视频理解框架

机器的认知能力可以支持哪些功能呢？第一点，它可以直接把视频内容（原来是像素和颜色）转化成文字，代表语义，这样就可以进行搜索了。第二点更为重要，它能进一步生成新的语义网络的关系，支持视频内容的问答。例如，你可以问它"这里面有没有人在房间里做报告的部分"，它会帮你找出来。最重要的第三点，就是视觉关系理解。机器可以在不同的视频之间寻找相关性，具有查找相似性的能力，并且可能产生记忆。

从上面的讨论可知，知识图谱对于机器智能的发展非常重要。一方面，我们可以给机器输入固定知识，例如常识和稳定的领域知识。另一方面，机器也可以自己构建知识库。机器人的深度摄像头可以看到颜色，也可以看到深度。它在一个环境里绕一圈，就能给这个环境建立一个三维的场景地图，同时也可以利用颜色数据识别出场景中的人、物体、沙发、墙壁等，从而建立起这个环境的空间知识库，再加上随时间推移记录下来的人物之间的运动和交互关系，就构成了这个环境的动态知识库。如果未来人们生活的每个房间、每个场所都有这样一个动态知识库存在，那就会形成一个高度简洁、可搜索的数字化世界。这个世界与现实世界的关系不是一种在像素级别的一一对应——不是说这儿有一棵树，数字世界里就有一棵所有细节都存在的树，而是一种对现实世界高度抽象的描述。

接下来的一个问题是：如此大量的知识要怎么存放呢？想一想，人类的大脑能存储多少知识？其实不是很多。例如，我的脑中有一些与IT相关的知识，却放不下多少金融知识和医学知识。但这对机器而言是可能实现的。全部的人类知识可以分成两大类：第一类是稳定知识，包含通用知识和领域知识。通用知识是人们从小学开始学习的不变的知识，领域知识则是从大学开始学习的分专业的知识。这些都是比较固定的知识，可以自上而下地构建知识图谱。第二类是动态知识。这类知识不是在常规学习过程中学到的，而是随着整个社会场景发展，甚至是随着人的不同而改变的。想象这样一个场景：当一个机器人或者一辆无人驾驶车在为客户提供服务时，根据它服务的个人或家庭的不同，它会习得截然不同的知识。这些就属于动态知识。动态知识还包括群体性知识。40多岁的人的知识范围，与十几岁的人完全不一样。不同地域的人，他们的知识范围也是不一样的。动态知识是自下向上动态构建的，并且在不停地更新。

机器可以涵盖全部这些知识，但在信息世界中，这些知识不可能都存放在终端内。一是有一些在云端，有一些在终端。因为在服务具体个体的时候，考虑到网络延迟的影响，将所有知识都存放在云端的话，响应度是不够的。这时，我们就要充分利用通信和网络技术发展带来的好处了。你可能听说过边缘计算，它指的是在 5G 时代可以很好地利用接入网的边缘加入计算和存储的功能。于是我们可以把知识按照访问需要分布式存放在云端 – 边缘 – 终端内。云端存放全部稳定知识，终端和边缘存放部分稳定知识与全部动态知识。那么我们要如何在终端、边缘和云端存放知识？以下三个例子会帮助你理解。

第一个例子与自然语言交互相关。你家里可能会有一台小的智能音箱，它通过语音交互帮你提供一些信息。这其实是调用了云端的服务来实现的。有时你会感觉它的响应速度有些慢，这是因为碰上了网络慢的情况。处理请求要从家里的小音箱到达云端的服务器（通常有几十、数百公里的距离），网络速度慢的时候，整个交互过程当然会变慢。如果将你的服务部署在距离你只有几公里远的边缘服务器上，从而进行快速处理的话，那么响应速度会大幅提升。第二个例子与地域性相关。通过边缘计算，我们可以创建与各地方言相关的语音服务和知识库。第三个例子与场景相关。就拿基于语音的生活服务来说，在北京提供服务的知识库和四川、广东的肯定不一样。比如大家都说要吃辣一点的菜，然而每个人所指的辣度是不一样的。这就是与地域性相关、与场景相关的知识，最适合用边缘计算做服务，具体方式是增强与地域人群的相关性，也可以增强服务的适应性。

机器学习的方式

目前，机器学习的常用方式有四种。第一种是无监督学习，需要机器自己去发现数据之间的关系，主要用于聚类。第二种是监督学习，需要有人告诉它这个是什么，这类是什么。打上标签以后，机器可以通过训练把这个中间的识别过程用模型表示出来。第三种是自监督，关联学习。机器不需要人教，而是通过观察几种对象的相关性、前后的因果关系，自动生成一些关联。比如说打方向盘时，车轮就会转，前置摄像头看到的景象都会偏移。关联学习就会发现其中的关系。第四种是强化学习，机器会通过跟环境交互，观察按照当前模型决策产生的一些影响，来优化动作序列或者决策序列。在机器学习过程中，它们会根据数据特点和应用需求来具体问题具体分析，融合使用这几种机器学习的方式。

除了上述学习方式之外，机器学习未来发展的潜力还在于模仿学习和生成式学习。

模仿学习是指不需要人去标注数据，也不需要人去写执行算法，机器能够直接从人的示范中学习。人只要通过示教（直接拖动或者通过视频），做出动作让它看，机器就能自己学习。

生成式学习是指机器从自己生成的样本中学习。机器从自然界中和从人给它构造的例子中获得的数据量不够，但它可以自己根据规则产生大量的例子来练习。机器自己会产生大量真实场景中很少出现的例子。典型的例子是自动驾驶领域，有些场景是有危害的，不可能在真实场景中去实践，那就要在模拟器中做。我们可以在模拟器中模拟极端的场景，还可以在模拟器中反复训练机器。同时，有了实时通信的无线网络，就可以把多个智能机器放在一起，练习它们之间的协同交互。例如，A 机器人要把物品递给 B 机器人，这个过程可以通过编程实现，但是编写的程序泛化能力和适应性都不强。更高级的方法是，通过设置基本的学习方法和奖励规则让机器人在模拟器中学习：A 把一个东西抓起来递给 B，配合好了就能接住，配合不好东西就会掉落。经过多次练习，它们就知道如何做到完美配合。然后，再把算法转移到真实环境里测试。

图 1-3 中的例子展示了如何通过人的简单示范，让机器人学会做一件比较复杂的事情。左图的研究员通过拖拉示范，告诉机器人怎样把一个杯子里的球倒进地上的碗里。之后，这个机器人通过在模拟器里反复训练，学会了去做这件事情的方法。更有趣的是，这不是一个固定动作。人在教它的时候，地上的碗是放在固定位置上的。而在机器人练习的过程中，碗的位置是可以改变的，而且位置的改变不是一个固定变量。机器人要自己调整适应，找到将球倒进去的方法。即使机器人已经根据现在的位置规划好了运动轨迹并启动执行，我们临时改变底下小碗的位置，它也能够及时调整自己运动的轨迹。

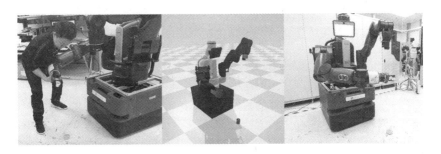

图 1-3　机器人如何模仿学习

用手工编程做出这套控制算法还是很困难的，并且很难考虑到多种场景。但我们可以让机器人通过模仿学习加上强化学习，在模拟器里反复训练，这样它们就可以学会这项技能。

处理不确定性

人类是最擅长处理不确定性的。比如驾驶员在复杂路况下开车时，要不停地处理不确定性。例如前面行驶中的车会不会减速？骑自行车的人会不会转弯？这些是不确定的。现在的计算机系统都是按照确定性在做事，处理人工生成的数据，执行确定的工作流程。但未来的机器要在真实的物理世界中和人、物交互工作，所以未来的机器智能必须能够处理不确定性。

未来的机器智能必须能够处理不确定性。

从计算的角度，我们可以用概率计算的方式来处理不确定性。概率计算的关键在于预测与调整。一个简单的思路是，先根据目标场景的已有数据样本产生一个概率模型，并用它生成一个预测，然后通过观察这个预测与实际发生场景之间的差异去调整概率模型，使之与实际发生的场景相符。这种概率计算的方式计算量很大，以前的机器运行速度很慢，基本没法实现。现在，机器的整体计算能力大幅提高，还可以设计专门的加速硬件，概率计算的方式就变得可行了。

从互联的角度，我们可以通过变未知为已知来处理不确定性。机器之间相互连接的方式有很多种，从有线连接到无线连接。有线连接可分为多个级别（芯片内部、芯片之间、机器之间），利用不同的介质与协议实现不同的数据传输带宽和延迟，让机器之间进行快速可靠的通信。无线连接可以使机器之间跨越空间距离、跨越物理传输介质去传递信号，带来更大的想象空间。有了这些连接之后，人与机器之间、机器与机器之间可以实现无缝通信，各取所长地处理信息，把原本对于个体来说不确定的情况变成确定的。

图 1-4 展示了一个非常好的例子。右边的 4 个视频是普通的十字路口摄像头拍摄的视频。以前，这些摄像头被用来检查有没有车闯红灯、有没有套牌车等情况。现在，我们可以利用通信技术同步处理 4 个摄像头的视频数据，检测车辆、行人及其运动轨迹，从而将这个场景实时重建成左边这个虚拟的、完整的全方位视图，并且实时追踪各个车辆、行人的运行。然后，利用短距离的实时无线通信技术，可以把这些信息发送给进入这个路口的车辆。这样，每辆车都会知道其他方向有什么车可能与它发生碰撞，即使它被公交车、大卡车挡住视线也能看到，因为智能的机器给了它一个"上帝视角"，还给出了预测，这是人类无法做到的。

一个典型的通过计算和连接把未知、不确定性转变为已知、确定性的例子，让我们看到了"技术 + 网络"可以带来的力量。

图1-4 智能交通路口

未来十年，谁拥有芯片，谁就将制胜于更长远的未来

任何智能发展都离不开硬件基础。除了现在人们熟知的CPU（中央处理器）、GPU（图形处理器）、FPGA（现场可编程门阵列）、专用加速器等智能计算的硬件基础外，一些硬件架构技术也在不断加速发展。例如英特尔公司最近推出的Loihi神经拟态芯片（Neuromorphic Research Test Chip），就是模仿人脑神经元的构造、连接方式和工作方式设计实现的。神经拟态计算从人脑的信息处理机制中获得灵感，来构建人工智能系统。Loihi是目前最先进的神经拟态计算处理器，它采用英特尔领先的14纳米工艺制成，集成度高，在60平方毫米的芯片上有13万个神经元和1.3亿个神经突触（见图1-5）。它能达到什么效果呢？Loihi支持多种脉冲神经网络架构，可以在很低的功耗下工作

（这一点和人脑非常相似）。最重要的是，它具有可编程学习能力，能够在线自主训练，并且支持多种学习算法，包括监督学习、非监督学习、增强学习等。Loihi 的能效比通用处理器高 1 000 倍。目前，一块小芯片能使 13 万个神经元互相连接。英特尔公司在 2019 年 7 月宣布，包含 64 块 Loihi 研究芯片、代号为"Pohoiki Beach"的 800 万神经元神经拟态系统已经可以供广大研究人员使用。

图 1-5　Loihi 芯片和 64 芯片神经拟态系统

那么未来十年，智能计算会发展到什么程度呢？我大胆地预测一下。假设未来芯片的晶体管密度按照摩尔定律的速度发展——10 纳米、7 纳米、5 纳米，十年之内一定会超越 5 纳米，那么晶体管密度至少会提高 8 倍。然后，我们还可以用 3D 芯片制造技术，在一颗芯片内封装多层内核。假设十年后，通过 3D 芯片技术可以让计算密度再提高 64 倍，我们便可以像 Pohoiki Beach 一样设计多芯片互联的系统；假设十年后，我们可以互联 1 000 块芯片，那么这样的系统尺寸会做到多大呢？可能比我们现在用的桌面型打印机还要小。这样的系统可以容纳 670 亿个神经元，已经很接近人脑的神经元量级了！

当我们展望下一个十年或者更长远的未来时，随着人工智能应用变得愈加广泛和深入，仅靠一种架构的 AI 芯片是不能解决各种问题的。同时，随着创新速度越来越快，设备种类越来越多，其要求的迭代速度也越来越快，我们不会再有一个独立的平台（例如 20 世纪 90 年代到 2000 年的 PC，2005 年到现在的手机）。传统的异构计算已经不能满足日益发展的人工智能计算需求，我们正在迈入超异构计算时代。

异构计算在 20 世纪 80 年代就已出现，它是指在完成一个任务时，采用一种以上的硬件架构设计，把它们组合在一起。组合方式主要包括：一体化 SoC（系统级芯片），它的专用性最强、能耗最低，性能也很好，能效比非常高，但只有应用范围很广时，投入产出比才会更高；分体式板卡，它的优势在于灵活，可以在需要的时候随意组合，但板与板之间连接的功耗、带宽速度都要大打折扣。

超异构将提供更多的灵活性和更快的技术应用周期，推动计算创新发展。它包含三大要素：多架构、多功能芯片，多节点和先进封装技术，统一的异构计算软件。在多架构、多功能芯片方面，有标量、矢量、矩阵、空间等多种计算架构。例如，CPU 是标量架构，GPU 是矢量架构，深度神经网络的专用加速芯片是矩阵架构，FPGA 是空间架构。在多节点和先进封装技术方面，传统的封装就是把芯片平铺在一起，这种方式存在一些缺点：一是增加了面积，二是芯片之间的连通带宽还需要加速。2.5D 和 3D 封装的出现解决了这些问题，不只是把计算芯片和内存连接起来，还能把计算芯片互相连接，并像高楼一样分成几层堆起来，这就是先进封装技术。同一个异构系统中需要使用多种架构的芯片来完成计算任务，而对于开发者来说，掌握多种架构的软件优化技巧比较困难。统一的异构计算应用程序接口（API）可以解决这个问题，它利用预先研发的软件库来封装不同种类的硬件架构，从而为软件开发者提供统一的编程接口，降低开发难度并提高效率。未来的人工智能芯片会将这些技术综合使用，获得性价比、能耗比最优的智能计算方案。

量子计算，重构 AI 的算法和思路

量子计算是另一个维度的突破，它与传统计算模式都不一样。量子不是一个物理粒子，而是指通过技术手段让微小的粒子（如电子、光子等）或者电路系统形成量子态，从而同时处于多个状态，构成一个量子比特（qbit）。然后进一步地，通过让多个量子比特纠缠在一起，就可以进行大规模的并发计算，同时计算非常多的状态组合。例如，如果有 50 个量子比特纠缠在一起，那么计算系统就可以同时表示 2^{50} 个状态。所谓的量子霸权（quantum supremacy）就是指在某个领域，量子计算拥有的能力远远超过经典计算。如今，在业界发展的前沿，已经有 50 ~ 100 个量子比特可以用来做计算，做一些模拟，但是还不能说达到了量子霸权。另外，量子比特的纠错能力仍需提高，量子计算的系统目前并不稳定，难以提供足够长的量子纠缠时间来执行有价值的任务。虽然量子计算距离商业化使用还很远，但我们不可小看它的潜力。

作为少数几家拥有量子计算芯片的科技公司之一，英特尔公司专注于开发具备商业可行性的量子计算机，这就需要将量子比特的质量提高到新的水平。我们已经成功制造出一块 49 量子比特的超导芯片（见图 1-6），这意味着我们能够将量子处理单元（QPU）集成到系统当中，并利用这套系统构建一切需要的元件，最终实现各量子比特之间的同时协作，以提高效率及可扩展性。我们正在努力创建一套真正可行的量子系统，确保其能够由实验室环境下的 50 量子比特扩展至商业系统所需要的数百万量子比特。在这个领域，实际可用最重要，而不应仅仅关注量子比特个数的提升。

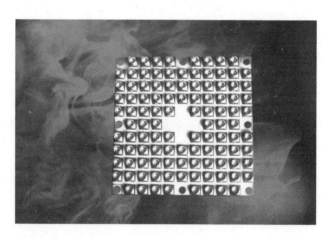

图 1-6　量子芯片

量子计算的诱人之处在于：第一，它具有超大规模的并行计算能力；第二，利用量子计算的模型去重构人工智能的算法，会产生非常大的突破，这种解决问题的思路与现在使用经典计算机的思路完全不一样。我们可以期待，机器的学习能力和处理不确定性的能力会有突破性的进展。

预测边界，驾驭未来的机器智能

总体而言，我认为机器智能仍然会呈现指数型发展。人工智能的算法、智能芯片的算力、实时的互联和虚实结合的计算环境这四个因素都在促进机器智能的发展。可穿戴式设备和脑机接口（Brain-Computer Interface）技术的发展为人类充分利用机器智能搭建了桥梁。对于人类和机器的共生未来，我们可以有多种预测，包括正面的和负面的。但对于一名科技人员来讲，理解智能产生和发展的底层逻辑和演进路径，更多的是要去驾驭它的走向，而不是害怕和拒绝。对于各种技术，要预测其发展的可能性和边界，做好风险管控的准备。同时，要与社会学家、心理学家、经济学家等各领域的专家交流，探讨科技发展对社会的影响，保证技术发展的正向的社会效益，共同驾驭未来的机器智能。

算力主导的世界，更应该不断被异构

　　一些关于摩尔定律或者制造工艺的宣传都指出，某些厂家可以将芯片的直径做到 10 纳米、7 纳米、5 纳米，甚至 3 纳米的小尺度——他们以为到了 3 纳米时，算力就会遭遇瓶颈，其实并非如此。制造工艺的进阶只是说晶体管制作的尺寸最小可以小到多少，这也包括中间互连的线，但是算力不会受限于此，因为我们还可以用很多其他技术来让芯片的算力继续扩展。

　　举例来说，现在我们的制造工艺可以将尺寸做到 7 纳米，可以把芯片里面的晶体管线路的单位再提高一倍，但这只是在单芯片的面积上增加了一倍的算力而已。那么，这一倍的算力是否能支持未来的需求呢？可能不行，因为现在算力也在经历一个指数型的发展，甚至比摩尔定律迭代得更快。

　　另外两个办法，分别是：架构创新和 3D 堆叠。

第一，架构创新。原来我们只是用CPU，现在可以用GPU或者其他专用芯片来对某些运算的负载做专门的优化，现在的1000个晶体管也许相当于以前的10万个晶体管，这是从架构角度讲如何设计芯片的结构。

第二，3D堆叠。在平面上，单位面积密度的增长是十分有限的，但是如果进行堆叠，我们还可以增加算力。同样，我们可以把不同工艺，比如7纳米、10纳米、14纳米的芯片通过先进的封装技术再封在一起。最近出现的超异构的概念表明，有好多种技术可以用来对算力进行支撑，以保证支撑爆炸性增长的算力要求。工艺上的要求是到7纳米，其实到5纳米就很难推进了。一个原因是这在物理上很难实现，另一个原因是建造这种工厂的成本越来越高了，比如，建造一个10纳米工艺水平的工厂需要高达100亿美元的花费。

推荐阅读

《三位一体：英特尔传奇》

- 一部跌宕起伏的英特尔传奇，一部由梦想引领的硅谷创新史。传承硅谷不朽的创业精神，拥抱"互联网+"时代。

- 迄今为止关于英特尔公司的极其全面、权威的作品。该书作者迈克尔·马隆（Michael S. Malone）为硅谷资深科技记者，掌握了大量一手资料，挖掘了不少鲜为人知的背景故事。

02
为什么理解复杂世界需要网络科学？

NETWORK
SCIENCE

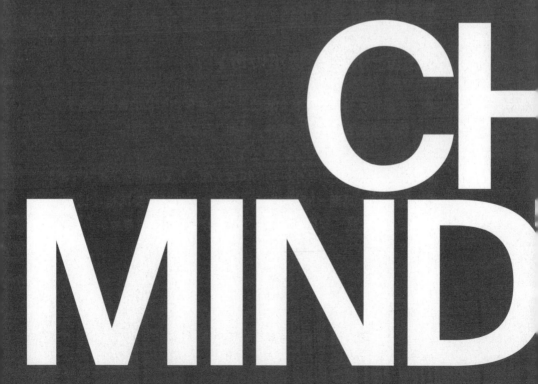

EERS
THON

更大的网络，更小的世界。

汪小帆

上海大学副校长

人类技术变革史也是一部人类网络演化史，杰弗里·赫雷拉（Geoffrey L. Herrera）在《技术与国际体系变迁：铁路、原子弹与国际政治》（*Technology and International Transformation: The Railroad, the Atom Bomb and the Politics of Technological Change*）一书中指出：技术最重要的作用是改变人类的交往方式。事实上，两者之间互为影响，互为促进。重大的技术变革深刻地改变了人们的交往方式，而交往方式的改变又加速推动了技术变革的进程。

　　我想从网络科学的角度谈一谈技术变革与网络演化这一主题。二十年前的两篇文章被公认为网络科学兴起的标志：一篇是邓肯·瓦茨（Duncan Watts）[1]

1　邓肯·瓦茨是美国宾夕法尼亚大学教授、微软研究院首席科学家。他的最新作品《反常识》中文简体字版已由湛庐文化引进，四川科学技术出版社 2019 年出版。——编者注

和史蒂夫·斯托加茨（Steven Strogatz）于 1998 年在《自然》杂志上发表的关于小世界网络模型的文章；另一篇是艾伯特－拉斯洛·巴拉巴西（Albert-László Barabási）[1]和雷卡·阿尔伯特（Réka Albert）于 1999 年在《科学》杂志上发表的关于无标度网络模型的文章。巧合的是，中国当今的两大互联网巨头也诞生于二十年前：马化腾于 1998 年在深圳创立腾讯，马云于 1999 年在杭州创立阿里巴巴。1998 年，斯坦福大学的两名研究生拉里·佩奇（Larry Page）和谢尔盖·布林（Sergey Brin）写了一篇关于网页排序算法的网络科学文章，并在同年创立谷歌公司，可以说是于二十年前就在网络科学与工程之间架起了桥梁。过去二十年，网络科学特别关注的三个概念是：

- **小世界特征**，即网络中两个节点之间平均只需通过少数中间节点就能建立起联系。

- **无标度特征**，即网络中存在少量 HUB 节点（中心节点），而大部分节点的连接数相对较少。

- **网络鲁棒性**[2]，即部分节点或连边故障对整个网络的影响。

---

1   艾伯特－拉斯洛·巴拉巴西是全球复杂网络研究权威、"无标度网络"奠基人。他的最新作品《巴拉巴西成功定律》中文简体字版已由湛庐文化引进、天津科学技术出版社 2019 年出版。——编者注
2   鲁棒性：英文术语"Robust"的音译，原为"健壮与强壮"之意。后指控制系统在一定（结构，大小）的参数摄动下，维持其他性能的特性。比如，计算机软件在输入错误、磁盘故障等攻击之下不宕机、不崩溃的特性。——编者注

更大的网络，更小的世界

让我们先把视野从二十年拉长到两千年。从技术变革与网络演化的角度来看，人类过去两千多年的历史大体上以 18 世纪为界：18 世纪之前是越来越大的网络、越来越大的世界；18 世纪之后是越来越大的网络、越来越小的世界。从网络化进程来看，可分为如下三个方面：

● **国家网络化（始于公元前 3 世纪）**：两千多年前，地球上有两大帝国：秦帝国和罗马帝国。秦帝国的"车同轨，书同文"为人们的往来和交流提供了便利。秦帝国构建了以咸阳为中心的直道和驰道；罗马帝国则构建了以罗马为中心的网络化道路，"条条大路通罗马"就是从公元前 3 世纪开始的。可以说，是秦帝国和罗马帝国开启了国家网络化的进程，即试图让一个国家内部越来越密切地连接在一起。

● **全球网络化（兴起于 15 世纪）**：西汉时期张骞出使西域开辟的丝绸之路是人类社会全球化进程的重要开端。然而，直到 15 世纪中叶，拥有大约 4 亿人口的人类仍然不是一个共同体，因为 1/4 左右的人口还居住在与欧亚大陆隔绝的大洋洲、美洲和非洲中南部。15 世纪末，哥伦布发现"新大陆"是人类社会进入全球化时代的标志性事件。直到 18 世纪末，整个地球的地图被完整绘制，人类才终于连接成一个整体，人们也终于知道了地球究竟有多大。

● **走向小世界（爆发于 19 世纪）**：19 世纪以前，人类网络确实在不断扩大，但我们在陆地上的行进速度还是没有超过马车的速度，在海上依然要"见风使舵"。从这个意义上说，随着"新大陆"的不断发现，人们所感知到的世界并没有缩小，反而越来越大。从 19 世纪开始，由于铁路和电报的相继发明，以及此后一系列的技术变革，人类网络变得越来越大、越来越密，世界也变得越来越小。

以 19 世纪 30 年代铁路的出现为例，它改变了普通人的出行和交往范围。狄更斯曾感叹道："世界比我们原先以为的小多了。我们所有人被连接在一起。原本来自四面八方的人常常汇聚在咫尺之间而不自知。铁路网制造了一种融汇感。"历史总是有许多相似之处，今天的人们在面对互联网时代、大数据时代和人工智能时代时会感到焦虑与担忧，当初铁路时代来临时，人们也有类似的经历。《名利场》作者萨克雷（William M. Thackeray）就曾写道："铁路开启了新纪元，而我们这个年岁的人既属于新时代，也属于旧时代……旧世界不久前还在我们脚下，坚实得很。他们将铁路路堤抬高，在我们身后关上了旧世界的大门。"桂冠诗人华兹华斯（William Wordsworth）认为，把铁路通往孕育了湖畔派诗人的故乡——温德米尔湖，将给英格兰"心灵的保姆"带来灭顶之灾，他曾愤怒地写道："难道说英格兰的土地上没有一个角落是安全的，可以逃脱鲁莽的攻击？湍急的水流，用你响亮坚定的声音，抗议这错谬！"

19 世纪以来，随着时间推移，铁路、航空、高速公路、高铁等快速发展，人们在物理空间的交往变得日益便捷，电报、电话、互联网和移动互联等技术的发展则让人们在虚拟空间的交流日益便捷。因此，技术变革不断让更多的人更为方便地连接在一起，从而使人类之网变得越来越大；然而，换个角度来看，人类之网也开始变得越来越小——越来越多的连接使任意两个人之间的平均距离越来越小，可能只需要通过几个人就能在二者之间建立起联系。

20 世纪 60 年代，社会心理学家斯坦利·米尔格拉姆（Stanley Milgram）做过几百人的社会调查后给出推断：地球上任意两个人之间相隔的人不超过 6 个，即中间只需通过 5 个人就能建立起联系。互联网时代的到来深刻地改变了人与人之间的连接方式，同时也为在更大规模上验证人类网络究竟有多小提供了可能。以 Facebook 为例，2011 年基于 7 亿多活跃用户的验证表明，两个 Facebook 用户之间的平均距离仅为 4.74 个人；2016 年基于超过 10 亿活跃用户的验证则表明，平均距离减小到了 3.57 个人。如果 Facebook 能够继续发展的话，也许在不久的将来，Facebook 用户网络就会成为一个三度分隔的小世界。尼古拉斯·克里斯塔基斯（Nicholas A. Christakis）和詹姆斯·富勒（James H. Fowler）所著的《大连接》（Connected）[1] 一书应用了很大笔墨阐述三度影响力理论，即一个人的影响力可到达他的朋友的朋友的朋友。这就意味着平均而言，未来 Facebook 上任意两个活跃用户之间都有可能互相影响，从这个意义上说，世界将变得越来越小。

1　人与人的连接影响着每个人的情感、生活和整个社会的运行。阐述有关个体连接理论的著作《大连接》中文简体字版已由湛庐文化引进，北京联合出版公司 2017 年出版。——编者注

长尾有多长：无标度网络之争

人类历史上很多技术变革的初衷都是使世界越来越平等，例如，交通和通信技术的发展让全世界越来越多的普通人实现了更为便捷的出行和交流；阿里巴巴的使命是"让天下没有难做的生意"；华为则致力于把数字世界带入每个人、每个家庭、每个组织，构建万物互联的智能世界，让无处不在的连接成为人人平等的权利。另一方面，我们也能看到，每一次技术变革都会催生出一些富者更富，甚至赢者通吃的巨头企业。

每一次技术变革都会催生出一些富者更富，甚至赢者通吃的巨头企业。

过去二十年来，网络科学领域得到最多研究而结果也可能最具争议的一个概念就是无标度网络，即网络中会存在多种不同量级的节点，大部分节点的度值都相对较小或者不重要，但网络中也会涌现出少量的HUB 节点。过去二十年里，人们发现许多实际的生物网络、技术网络和社会网络等都具有这样的特征，典型的例子包括经济网络中的少数巨头企业、航空网络中的少量枢纽节点、社交网络中的少量"大 V"节点等。

对于无标度网络而言，度的平均值不再是一个典型的网络特征，所以我们不能再用均匀的泊松分布来刻画这样的网络。1999 年，巴拉巴西和阿尔伯特在《科学》杂志上发表的论文《随机网络中的标度涌现》（*Emergence of Scaling in Random Networks*）中指出，无标度网络的度分布可以较好地用幂律分布来刻画。这已经成为网络科学界过去二十年的一个基本认知，大多数涉及网络度分布的文章都会画出双对数坐标下的度分布图，以检验其是否符合幂律。对于无标度网络的度分布不适合用均匀的泊松分布来刻画的观点，大家是有共识的。问题在于，为什么无标度网络的度分布一定要用幂律这一种分布来刻画？这一疑问是可以理解的，就如同线性关系只有一种，非线性关系却是各种各样的。

2018年1月，亚伦·克劳塞特（Aaron Clauset）小组在论文预印本网站 Arxiv 上贴出了一篇题为"无标度网络很少见"（*Scale-free Networks Are Rare*）的文章，他们选取了927个网络数据集加以验证，发现从最严格的角度来说，真正符合幂律分布的网络只有4%；稍微放宽一点，符合幂律分布的网络也只有15%。2018年2月，这篇文章刚发表出来，就被《量子杂志》（*Quanta Magazine*）网站以《实际网络中幂律的证据很少》（*Scant Evidence of Power Laws Found in Real-World Networks*）的文章进行了报道，其中列举了一些网络科学研究人员的观点。巴拉巴西于2018年4月在其实验室网站发布了一篇回应文章《你所需要的就是爱：克劳塞特对于无标度网络的无用搜索》（*Love Is All You Need：Clauset's fruitless search for scale-free networks*）。2018年7月，克劳塞特在计算社会科学国际会议（IC2S2）上报告了他们关于无标度网络很少见的研究工作。2018年11月，巴拉巴西所在的美国东北大学的一组研究人员在 Arxiv 上发布了一篇文章《无标度网络没问题》（*Scale-free Networks Well Done*）。直到2019年3月，《无标度网络很少见》这篇文章终于在《自然通讯》（*Nature Communication*）上正式发表，同时配发了网络科学学者彼得·霍尔姆（Peter Holme）写的评论《既很少见又处处可见：关于无标度网络的观点》（*Rare and Everywhere：Perspectives on scale-*

free networks）。该评论认为，通过对概念的梳理而形成共识是有可能的。克劳塞特小组说无标度网络很少见，是以有限规模的实际网络数据来验证的。而美国东北大学的研究人员说无标度网络没问题，是指如果网络规模趋于无穷大，还是可以用幂律分布来刻画的。

即使对于有限规模的实际网络，也需要明确，我们在讨论无标度网络的时候，究竟在谈什么。目前存在多种不同范围的定义（见图 2-1）：

- **定义 1**：度分布服从幂指数位于 2 ~ 3 之间的幂律分布；
- **定义 2**：度分布服从幂律分布；
- **定义 3**：度分布具有长尾特征；
- **定义 4**：存在多种不同量级的度值的节点。

定义 1 和定义 2 的区别在于，当幂指数较大时，幂律分布其实已经是一种比较均匀的分布了。

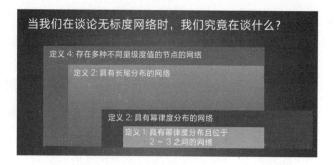

图 2-1　无标度网络的不同定义之间的关系

无标度网络的产生机理是人们关注的另一个重要问题。目前最常用的仍然是巴拉巴西和阿尔伯特指出的"增长 + 优先链接（富者更富）"机制，即如果网络是持续增长的，并且度大的节点更有可能获得新的链接，那么所生成网络的度分布就会服从幂指数为 3 的幂律分布，从而具有无标度特征。如果无标度特征并不一定对应着幂律分布，那么就需要对产生机理做进一步的研究。

从历史上看，无论是幂律分布还是优先链接机制都曾被重复地发现。这有两个重要的原因：一是由于交流不够广泛，使得不少学术成果难以被更多的研究人员了解。例如，即使在互联网时代，人们通常也不会去查阅用自己所不懂的语言发表的文献。二是由于认识不够深入，一开始被认为是不同的东西，需要一个过程才能逐渐显示出共同的本质。值得指出的是，优先链接机制并非幂律产生的唯一机理。人工智能先驱赫伯特·西蒙（Herbert A. Simon）与分形之父贝努瓦·曼德尔布罗特（Benoit Mandelbrot）在 20 世纪中叶还曾围绕幂律的产生机理爆发过一场你来我往的争论，感兴趣的读者可以在网上搜索由我写的一篇文章——《长尾有多长：人工智能先驱与分形之父的幂律之争》。

展望今后的二十年，我们可能需要做到两个"跳出"：针对无标度网络的研究要跳出"幂律崇拜"和"富者更富"；针对复杂网络的研究要跳出"度分布"，毕竟度分布只是刻画网络的各种性质中的一个。两个网络可以具有完全相同的度分布，而其他性质和行为却非常不同。

更具韧性也更为脆弱的网络世界

为什么经济危机既难以避免又难以预测？为什么交通网络中经常存在一些瓶颈节点或路段？我们能否避免大规模的停电事故？为什么历经数万年演化的生态系统有时会非常脆弱？类似的问题在实际场景中往往用"弹性""韧性""健壮"等词语来描述，而在网络科学中常被称为复杂网络的鲁棒性和脆弱性。对复杂系统的研究表明，不存在完美无缺的系统，任何一个系统都有脆弱之处，即阿喀琉斯之踵。复杂网络也具有"鲁棒但又脆弱"的特征。

某种意义上，技术的发展催生了越来越复杂的网络，其目的是让人类做事变得越来越简单。例如，越来越复杂的交通网络让人们从一个地方到另外一个地方变得越来越简单。中国过去四十年的发展，特别突出的就是依靠交通等基础设施网络的发展，我们现在拥有全球最长的高速公路里程、最长的地铁里程、最大规模的电网等。购物、打车、订餐等越来越多的事情都可以通过简单的手机操作而瞬间实现，在其背后做支撑的正是用户看不见的越来越复杂的设施和算法。

> **某种意义上，技术的发展催生了越来越复杂的网络，其目的是让人类做事变得越来越简单。**

越来越复杂的网络带来的一个特点，被称为鲁棒性的代价，即网络会变得更具韧性，但也更为脆弱。换句话说，越是通常没事，一旦有事就越有可能是很大的事。以电网为例，随着电网规模不断扩大，即使在炎炎夏日，我们也基本不用担心家里被拉闸限电了，因为某个地方供电不足时，可以通过网络从其他地方调配。再以交通网络为例，当你驾车行驶途中遇到前方道路堵塞时，导航软件可以提醒你选择另外的路径；在一种交通工具不能使用时，往往还可以选择另一种交通工具，等等。这些都是大规模网络的韧性（鲁棒性）的体现。但另一方面，也正是由于网络规模越来越大且越来越复杂，也许某个平时并不引人注意的局部事故就会导致大规模的网络故障，从而展现出网络更为脆弱的一面。

过去二十年间，鲁棒性是网络科学研究中的一个重要课题，并且呈现出从静态网络到动态网络、从单层网络到多层网络的发展趋势。上海的虹桥综合交通枢纽就是一个典型的相互依赖的多层网络，其中包含航空网、高铁网、地铁网、公路网等。对于这样一个汇聚了飞机、高铁、地铁、长途客运汽车、出租车、公交车和私家车的复杂交通枢纽，就需要更加科学的方法，用于指导如何避免某个局部突发事件引起大面积故障甚至整个枢纽的瘫痪。此外，交通网络和电力网络、通信网络等也是相互依赖的。可以预计，未来二十年关于相互依赖的多层网络的鲁棒性研究将会在理论和应用方面继续深入。

人人都该升级为网络科学思维

让我们回到二十年前，看一看谷歌搜索的案例。谷歌之前的搜索引擎是基于散点思维来给网页排序的：孤立地统计每个页面上某个待搜索的关键词出现的次数，并依出现次数的高低从前往后排序。1998 年，当时在斯坦福大学读研究生的佩奇和布林在一个想法上获得了突破，从散点思维升级为网络思维：把万维网看作网络！每个网页是一个节点，每个超链接就是从一个网页指向另一个网页的有向边。从直观上看，一个网页拥有越多的超链接就越重要。然而，如果仔细思考的话，就会发现这一直观想法存在的问题。佩奇和布林的第二个突破是从网络思维进一步升级为网络科学思维（简称网科思维）：一个页面的重要性不仅取决于指向它的页面的数量，还取决于这些页面的质量。

换句话说，一个页面的重要性是由指向它的那些页面的重要性所决定的。他们两人进一步给出了实现这一想法的 PageRank 算法，一个革命性的搜索引擎就这样诞生了（见图 2-2）。

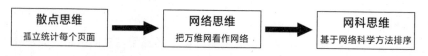

图 2-2　PageRank 算法的两次思维升级

今天，网络思维已经逐渐成为一种新常态，并融入我们日常的所见所思中，一些常见的典型术语包括：

● 互联网、通信网、电力网、交通网、水网、气网、社交网络、神经网络、贸易网络、金融网络、生态网络……
● 产业链、价值链、资金链、供应链、债务链、食物链……
● 节点、中心、枢纽、纽带、连接、链接、桥梁……

- 病毒（谣言）传播、危机扩散、连锁反应、级联故障、拥堵……
- 共同体、互联互通、协作、合作、协同、联动、一体化……
- 朋友圈、关系网、人脉、社会分层、人以群分……

2018 年，上海市出台了《关于面向全球面向未来提升上海城市能级和核心竞争力的意见》。该意见指出："上海要全方位对标顶级全球城市，占据全球城市体系的核心节点；经过五年的努力，在全球产业链、价值链、创新链、人才链、服务链中占据更多的高端环节，成为全球资金、信息、人才、货物、科技等要素流动的重要枢纽节点；再经过五年，在全球城市体系中形成较大的影响力，成为全球金融体系、贸易投资网络、航运资源配置、技术创新网络的重要枢纽城市。"这些表述都是从网络的角度来思考上海的地位。

随着网络科学研究的不断深入和普及，我们期待下一个二十年，网络科学思维能够得到越来越多的应用。如何设计更具弹性的基础设施网络以努力避免大规模网络故障？如何更为科学合理地保护和修复生态网络？企业如何刻画和调整其在产业链、价值链和供应链网络中的地位？城市如何占据全球城市体系的核心节点？组织如何校正成员之间的交流网络以提升绩效？面对大量诸如此类的问题，我们不仅需要用网络眼光看待世界，还需要用科学方法分析网络。

100 亿个不同个体组成的群体智慧，
会构建出更智慧的社会

　　教育是目前人们共同关注的一个重要话题。我们认为，教育有两个目的：第一，教育让人成为更好的人；第二，教育让人成为更好的自己。

　　如果想成为更好的人，那么人工智能方面的研究会让我们更好地理解如何真正让人成为更好的人。从教育的角度来说，有一些方面可能需要人和机器共同努力，比如，不论机器怎么发展，我们可能还是需要让学生知道 3 加 5 等于 8。虽然机器也会计算，但是有些知识是人和机器都需要掌握的。

　　每个人都有各自不同的特点，这些智慧随着对大脑的研究、对学习的研究而不断进化。不论是今天的 70 亿人，还是未来的 100 亿人，这 100 亿个不同的个体组成的群体智慧会构建出一个更加智慧的社会。

《智慧社会》

- "可穿戴设备之父"、麻省理工学院教授阿莱克斯·彭特兰（Alex Pentland）不容忽视的大数据扛鼎之作。

- 驭势科技联合创始人兼 CEO 吴甘沙、电子科技大学教授周涛、苇草智酷创始合伙人段永朝、北大汇丰商学院教授何帆联袂推荐！

03
未来的创新为什么必须重视混流？

BUSINESS
INNOVATION

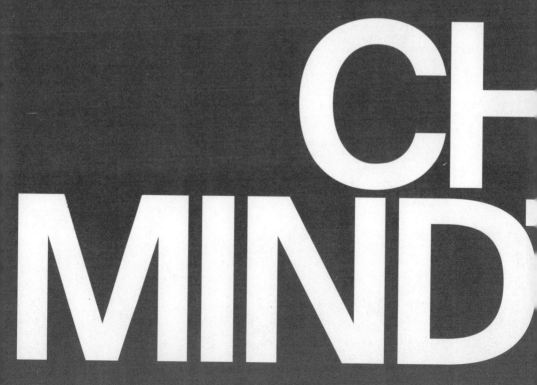

EERS
THON

商业的逻辑是——
从羊毛出在羊身上，
到羊毛出在狗身上。

任建标

上海交通大学安泰经管学院院长助理
EMBA 课程学术主任

当下，我们正处在一个技术日新月异、商业不断创新变革、管理找不到固定指导理论的新时代。商业界有一个普遍认识，那就是商业的创新与管理的变革都是由技术的不断变革引起的。那么技术将如何变革商业与管理呢？我们可以分成四大部分来解决这个问题：

● 弄明白商业的逻辑是什么；

● 研究技术驱动商业变革的原理，以及第四次工业革命与前三次工业革命驱动商业变革的路径有哪些不同；

● 搞清楚以互联网和智能化为代表的新技术深入商业场景应用的趋势下，会出现哪些新的商业模式；

● 对商业变革的发展趋势做出一些基本判断。

商业逻辑的核心是供需匹配

湛庐引进与策划的很多书籍，包括《技术的本质》[1]《多样性红利》[2]，都从技术本身的衍变视角进行了细致的分析。然而技术不是孤立出现的，而是一直伴随着社会、经济、商业的发展而发展。所以要研究技术变革，我们还需要另外一个视角——商业的视角，来研究企业的逻辑是什么、商业的逻辑是什么。从商学院学者的研究逻辑看，我们一直以来都是从企业逻辑、商业逻辑，甚至企业运营逻辑出发，来研究技术的价值。我们认为只有搞清楚企业逻辑和商业逻辑之后，才能真正明白技术在其中起到的作用及其重要性。

企业是营利性商业组织，要想生存和发展，必须获取利润。所以企业的商业目是获取利润。企业逻辑就是要回答企业获取利润的基本问题。这些基本问题在企业的资产负债表中有所反映。资产负债表的右边是负债和所有者权益，回答了企业逻辑的第一大问题：组织经营企业的资金从哪里来。实际上，要么是股东们自己投入的资金，要么是借来的资金。资产负债表的左边是资产，回答了企业逻辑的第二大问题：以盈利为目的的资金到来后是如何组织使用的。实际上，企业投入了所有的

---

1 《技术的本质》讲述了复杂性科学奠基人布莱恩·阿瑟（Brian Arthur）创建的一套关于技术产生和进化的系统性理论。本书中文简体字版已由湛庐文化引进，浙江人民出版社 2014 年出版。——编者注

2 思维的多样性有时比技术更加重要，《多样性红利》一书创造性地提出了多样性视角、启发式、解释和预测模型四个认知工具箱框架。本书中文简体字版已由湛庐文化引进，浙江教育出版社 2018 年出版。——编者注

资金，去构建各种不同资产的一个组合，这种资产的组合最终会形成一种能力——提供产品和（或）服务。这个产品和（或）服务必须在市场里与客户进行交换，有了交换才可能产生收入——销售收入或营业收入。这样的话，资金经过企业组织周转后又回流到了企业。所以企业逻辑就是，企业要研究钱从哪里来、钱怎么用以及如何赚到利润的组织过程。

企业逻辑就是，企业要研究钱从哪里来、钱怎么用以及如何赚到利润的组织过程。

在企业逻辑里，资金投入资产中是为了形成提供产品和（或）服务的能力，我们把由资金到形成产品和（或）服务的这种能力称为转换能力，而把将产品和（或）服务与市场里的客户进行交换从而获得收入的能力称为交换能力。因此在商业逻辑里面，从业务开展的角度来讲有两大核心环节——转换和交换。但是更关键而不可或缺的其实是交换。因为有的企业可能没有转换产品和（或）服务的能力，但是它对接了产品和（或）服务的供应和市场客户需求之间的连接关系，它帮助并且更为高效地实现了交换，创造了价值，获取了利润。但是一家企业如果没有交换的能力，就无法产生收入，而一家产生不了收入的企业是无法持续经营下去的，因为只有资金的流出，没有资金的流入，这违背了企业逻辑。

以前，我们研究一家企业的转换环节，其实主要是从供给侧角度来看的，就是看企业如何把资金投入到各种资产中去，形成一个资产的组合，如何开展产品的研发、设计、生产、制造工作，如何形成服务的能力。

我们发现，企业需要重点关注转换环节。要符合企业逻辑实现盈利，有一个前提条件，那就是企业面临的市场是一个卖方市场。可是现在很多行业的产能过剩，变成了一个买方市场，这时，简单的转换能力不能产生利润，甚至都不能产生收入，所以交换能力就变得尤其关键。我们可以从中国企业近四十年的发展历程中找到商业逻辑的核心。

● **第一阶段（1980—1990 年）**：工业化进程。所谓的进程，是指必须要经过一个历程。当时，我国的工业基础薄弱，生产力比较落后。所以在这个阶段，为了提高生产力水平，国家需要通过某些行业的产品出口创汇购买大量国外的设备，引进生产技术，并让企业应用成套的生产线。提高工业生产能力的进程成为工业化进程。从商业逻辑来看，工业化提高了企业供给侧的供给能力，使产能提高了，效率提升了，产品的质量提高了，多样性也更加丰富了。

● **第二阶段（1990—2000 年）**：信息化改造。20 世纪 90 年代，由于计算机技术发展，计算机开始在企业里广泛应用，这股新风潮就是信息化改造。大量的具有一定规模的生产制造型企业采用了计算机辅助设计（Computer Aided Design，CAD）、计算机辅助制造（Computer Aided Manufacturing，CAM）等技术，并在管理领域内掀起一股风潮，那就是实施企业资源计划（Enterprise Resource Planning，ERP）。

但是，我们很快发现，很多企业的 ERP 并没有太大用处，有的企业甚至被 ERP 搞"死"了，还有的企业是为了用 ERP 而用 ERP。很多企业使用 ERP 的过程很有意思，三年的实施过程正好经历了三个阶段：第一年是 E 的阶段——"咦"这个东西真好，我们可以不用经常加班了，不用一天到晚折腾 Excel 表格了；实施的第二年是 R 的阶段——人们发出了"啊"的声音，越搞越乱；第三年是 P 的阶段——大家觉得没什么用，又发出"屁"的声音。ERP 被称为"咦啊屁"。现在，很少有企业还在提 ERP 这件事情了。

为什么会这样？因为 ERP 是一种点状思维，只能解决企业这一个体内部的资源整合问题。而当今的世界是一个链接的世界，商业世界更需要有链接思维和网络思维，就连 ERP 厂商，比如德国的 SAP 和美国的甲骨文，也都在向"云"这种系统进行转型。因此，对于前两个阶段，大家发现它适应的市场环境是卖方市场，所以只要提高产能、提高质量、提高效率，就可以了。我们称之为对供给侧的改进。

- **第三阶段（2000—2010 年）**：数字化转型。大家会发现，当产能过剩的时候，供给侧的这种转换能力上的提升，其实对企业实现商业目的没有太大作用。所以从 2000 年开始，就有了一股新的浪潮——数字化转型。其中最核心的思想就是和客户进行链接。很多企业实施了所谓的客户关系管理（Customer Relationship Management，CRM），更恰当的表述是客户资源管理。也就是企业要和客户进行链接，和客户进行数据交换、信息互动，企业需要具备根据客户的需求进行快速响应以及柔性运营的能力。随着信息技术的发展和互联网的普及，出现了只服务于供需对接业务的平台型商业模式。

这里最核心的变化就是，企业不再只是简单地去关注供给侧能力，更重要的是要去关注供需匹配的能力。所以，商业逻辑的核心其实是供需匹配，而不是供给侧的改进。

- **第四阶段（2010—2020 年）**：智能化革命。最近这十年是一个智能化的革命浪潮。关于这种智能化的革命，现在讨论比较多的是三种技术：人工智能（AI）、物联网（IoT）和区块链，有的还不仅仅是一种技术，更是一种商业思想。这三大技术可能会带来生产关系的改变，有的也会直接带来生产力的提升。那它们起什么作用呢？我们现在对技术谈得很多，可是真正能够在商业中应用、能直接产生价值的技术并不多。所以对于商学院的学员特别关心的怎么从商业逻辑中看清楚供需匹配的问题，这些技术可以更好地解决。

全国很多高校已经开设了人工智能专业，这个变化是很快的，但是真正起到什么作用值得深入研究。社会缺少从企业逻辑和商业逻辑思考问题的习惯，缺少研究技术驱动商业变革的逻辑原理，很多时候是为了搞技术而搞技术，顺应技术热潮一窝蜂全上，几乎每个城市都制订了 AI 的产业发展规划，很多城市还建起了 AI 产业园。

关键是要研究清楚技术如何解决商业问题。郭台铭讲过一句特别有道理的话，他说全世界都面临着共同的困境，人们的薪水很低，不少年轻人还有负债，他们无法学以致用，因为所学的和我们现在所谓的第四次技术革命没有太大的关系。我认为更重要的是要研究技术驱动商业变革的逻辑原理。

技术驱动商业变革的原理

要研究清楚技术驱动商业变革的路径，必须要找到一些原理。其实这个原理我们在初中时就学过了，它就是马克思关于生产力与生产关系的理论。生产力决定生产关系，生产关系必须适应生产力发展的需要，当生产力出现重大变革的时候，旧的生产关系就会阻碍新的生产力发展，所以生产力一定会摧垮旧的生产关系，建立新的生产关系，以适应新的生产力发展的需要。生产力和生产关系构成社会的经济基础，经济基础决定上层建筑，上层建筑必须适应经济基础的发展。

这个原理中有三种类型的革命：第一种是上层建筑的革命，即社会革命。第二种是生产关系的革命，即商业革命。生产关系是马克思那个年代的名词，因为那个时候供给侧的能力更重要，所以生产关系更重要。而在今天，生产关系这个词应该改叫生态关系。第三种是生产力的革命，即科技革命。我们先研究一下社会革命的逻辑，就能推导出商业革命的逻辑。从社会革命的逻辑来讲，需要两个条件：第一，整个社会当中要有绝大多数人不满意，这样就有可能存在统治阶级被推翻的基础。第二，要做思想的颠覆与新思想的普及，把原来少数人的统治阶级给推翻。

商业革命也需要两个条件。商业革命的第一个条件就是需求方不满意。需求方已经有痛点了，大家很不爽，但是找不到让人满意的供给。那么什么时候旧的供给会被"革命"呢？第二个条件出现了，就是要有一个新的技术的应用，不见得一定要技术原创，能应用其他领域出现的技术、将其整合在一起也可以，关键是要应用到原本需求方已经很不满意的商业场景中去，让需求方满意，那么旧的供给就有可能被"革命"。这就是技术驱动商业变革的逻辑。

这就引出了一个问题：前三次工业革命的技术和现在所谓以互联网为代表的第四次工业革命的技术的本质区别是什么？前三次工业革命的技术都是应用在企业供给侧的技术，都是提高供给侧效率和能力的技术。但是以互联网为代表的第四次工业革命的技术完全不同，它是从需求侧发生的，能够改变人们获取信息的方式、消费方式、社交方式。当需求发生变化的时候，供给就会改变。最早对商业进行变革的领域其实是媒体行业和零售行业，因为它们离需求侧最近，所以传统的行业供给侧会先被淘汰。在中国，对应需求侧变革的三种方式，顺应以互联网为代表的第四次工业革命的技术而成功完成商业革命的代表企业分别是百度、阿里巴巴和腾讯。

混流创新模式，商业创新的多利润中心模型

大家有没有发现，亚马逊一开始投入的所有 IT 技术，包括云技术，其实只是为自己服务的，是成本中心。比如，亚马逊早期的商业逻辑是以卖书等产品去获得利润，但后来就不一样了，因为当时就具有前瞻性理念的亚马逊设计了大量的应用程序接口（Application Programming Interface，API），现在向第三方开放服务的时候，实际上就形成了不同的利润中心。利润中心一个一个地拓展，就会使公司的市值被推得很高。到目前为止，亚马逊是市值突破 1 万亿美元的三家公司之一，未来会有无穷无尽的获得利润的可能。

现在的阿里巴巴也是如此，你都想不到它以后会做成什么样，很多新业务都是演化出来的，新的利润中心会不断出现。于是我们研究了本质上到底有多少种产生利润的途径，并提出单利润中心的"五流模型"和多利润中心的六大创新模式。"五流模型"的缘起是基于我的一个EMBA（高级管理人员工商管理硕士）学生，他是上海南京路新世界百货商场的董事长徐家平。我们聊天的时候，他说他跟市领导汇报，说南京路的商圈看上去人很多，但是没有多少人购物，商圈要出问题。产生这种现象的原因是五个"流"发生了变化：

第一，高端消费外流；
第二，外地消费回流；
第三，上海本地的消费横向流动；
第四，网上的消费截流；
第五，多元消费分流。

这个说法很有意思，它讲的是对线下客流或订单流产生重大影响的五个方面。其实，商业产生利润的途径不只有客流一个，而是有五个流，我称之为人流、物流、信息流、资金流和商流。对成为企业利润中心的这五个流不断进行深入研究后，我总结出一个叫作"五流模型"的利润中心模型。

这个模型研究了企业利润中心的三层内容。第一层是研究清楚行业划分的新标准。现在，联合国对行业划分的标准大类是按照第一产业、第二产业、第三产业来划分的。行业分类有一本手册，这本手册中的各个行业划分得很细。那么是按照什么标准来划分各个行业的呢？实际上是按照行业出现的先后顺序来划分的：第一产业是农业，第二产业是工业，第三产业是服务业。

从另外一个角度去划分行业可能更有指导意义，为什么呢？因为按照三大产业分类的方法存在很多问题。第一个问题是，现代化农业已经不是传统意义上的第一产业了，而是一个工业体系。现代化农业其实是基于基因工程、种子技术以及规模化、现代化、智能化、无人化的种植、收割和加工技术驱动的工业。只有按照工业体系的思路来发展农业，农业才能有大发展。第二个问题是，金融业到底是不是服务业？传统意义上，我们把金融算作服务业，其实是没有弄清楚金融业务的本质。金融业务获取利润的本质到底是什么？它是从资金的集散流动中获取利润的。

基于这些问题，我们提出了一个行业划分的新标准，那就是按照获取利润的不同途径来划分行业。第一大行业是服务业。这类行业的本质是依靠人的流动集散来获得利润。人流没有到你这里形成订单或者消费，利润是不可能产生的，我们把这种行业称为服务业。服务业包括交通服务业、零售服务业、餐饮服务业、教育服务业、娱乐服务业等，其核心是必须要有人流。在这个意义上，金融业就不属于服务业了。

第二大行业是物流行业——依靠物的流动转换交易，我们又称之为工业体系。物的经济形态从矿开始，变成原料，变成半成品，再变成产品，变成商品，最后变成废品，这六种经济形态的流动转变对应采掘业、冶炼业、零部件加工制造业、产品制造业、零售业和再生资源业。这六大行业共同的特点是在物的流动集散转化中产生利润。

第三大行业是信息产业，靠信息的流动、集散来获得利润。从这个意义上讲，华为与中兴不属于信息产业，中国移动、中国联通和中国电信这三大运营商才属于信息产业，华为与中兴属于为三大运营商提供基站和交换机设备的制造业。当然，华为和中兴现在做面向用户的智能手机业务，属于消费电子产品的制造业。这种新兴的信息产业有哪些类型呢？大致可以分成三类：第一类是信息即产品，例如微软的办公软件；第二类是信息即服务，例如百度的搜索引擎业务；第三类是信息即平台，例如阿里巴巴的淘宝、天猫和滴滴的打车平台。这些都是新生事物，没有人的流动，也没有物的流动，只靠信息的流动就获取利润了。这些业务需要重点研究，因为基于信息的流动和集散来获取利润会导致很多社会问题，例如零售平台的假货问题、打车平台的安全问题等。

第四大行业是金融业。金融业的本质是依靠资金的流动集散来获取利润的行业。金融业里有很多业务需要取得牌照才能开展，现在是"一行两会"负责发放牌照和实施业务监管，业务包括银行、证券、基金、期货、信托、支付、保险、征信等。

第五大行业是商流业务，也叫政务行业，与政府各个部门有关。理论上讲，政务行业不涉及利润问题，是影响人流、物流、信息流和资金流的那个流。商流不通，人流、物流、信息流和资金流就通不了，即使通了也是非法的。例如，商流影响资金流业务，没有牌照就不能开展集资业务；商流影响人流业务，没有签证就出不了国。

研究企业利润中心的第二层是对经济形态的研究。我们谈到经济形态时，马上会想到的是实体经济和虚拟经济。其实，经济学中没有明确的实体经济和虚拟经济之分，但对它们做分析确实是一个很重要的课题。实体经济与虚拟经济之间到底是什么关系，还有没有其他的经济形态呢？这些问题至今都还没有理论上的论述。由于没有新的理论来清楚地定义实体经济与虚拟经济，当政府说金融业要支持实体经济的发展时，如果金融从业者都搞不清楚到底什么是实体经济，那要怎么去支持？因此，我们需要在理论上有一个突破，把实体经济与虚拟经济及其他经济形态的关系研究清楚。

我们的理论认为，经济形态应该按照获取利润的本质来划分。而前文中是按照获取利润的途径来划分行业的。我们认为人的流动和物的流动两个不同的途径获取利润的本质其实是一样的，为什么这样说呢？因为人流和物流业务的利润来自：要么企业拥有定价权，要么人的流动和物的流动要快，除此之外别无他法。我们把这种依靠周转时间和定价权来获取利润的行业的集合称为实体经济。实体经济中，人的流动和物的流动一定需要周转时间，没有时间是不行的。如今信息和资金流动的速度太快，已经达到了电磁波传导的速度，而且在无限地接近光速，所以速度已经不是问题了。但另外一个问题产生了，那就是风险问题。无论从信息产业还是金融行业来讲，只要你能把风险控制住，就能产生利润。与实体经济的本质不同，我们把靠风险控制来获取利润的行业的集合称为虚拟经济，把想通过商流获取利润的行业的集合称为政治经济。

第三层研究更有意思，很多制造业原本是靠物的流动来获得利润。但是我们的制造业中也有 IT 投入，这其实是成本中心，不是利润中心。需要用财务处理很多资金流业务的都是成本中心，不是利润中心。传统的业务是靠物的流动获取利润的单个利润中心。可是现在，大家发现，由于信息技术的应用越来越深入，不同的流之间出现了捆绑——混流，使得有多个利润中心的商业创新机会产生。第三层要研究的就是混流创新的六大新模式。

第一，物流和资金流混在了一起，我们把这个新模式称为供应链金融。现在，一个大型制造企业在靠物的流动获取利润的同时，还在对供应链上下游的企业开展资金借贷的业务，并从中获取利润。很多物流业的公司都有财务公司，都在开展资金流业务，而且开展资金流业务的风险控制能力比传统金融机构还要强，根本原因是，企业开展的供应链金融业务通过物流和资金流的混流降低了资金流的业务风险。第二，资金流和信息流的结合产生了互联网金融。一个企业本来是靠信息流赚钱的，后来发现资金流业务也可以做，而且要比传统金融机构做得好，原因是有了信息流的捆绑之后，风控能力更强了。第三，人流和资金流结合形成了服务金融，消费金融也属于这个范畴。与资金流有关的都叫金融，所以大家都在抢传统金融机构的生意。第四，人流和物流的结合叫运营创新，它不牵扯到金融业务，只是将人的流动和物的流动在时空中做了一个全新的组合，例如预订和定制，这会使物的周转速度变得更快。第五，人流和信息流的结合叫 O2O（Online to Offline）。因为人流是在线下进行的，是服务业，但是线上所有的信息处理、订单处理，包括资金支付都已经结束了。现在还有多少人会到电影院排队买票看电影？那个时代已经过去了。美团是这个领域的大佬，整合了大量零散的、小规模的服务业，所有信息流都要在线上整合，这是 O2O 的概念。第六，信息流和物流结合——我们把企业内部、企业之间的信息流和物流的混流称为工业 4.0。将这个概念放大一点：一个家庭叫智慧家庭，一个小区叫智慧小区，一个城市叫智慧城市，整个社会便是一个物联网的概念。实体经济与虚拟经济的四个流（人流、物流、资金流、信息流）两两混合在一起出现的新模式，我们称之为混流创新模式。

人类社会一开始是实体经济的发展，后来信息技术尤其是互联网技术的大发展推动了虚拟经济的发展，其核心是信息流业务的发展。不管是人工智能、物联网还是区块链，其实都是基于信息流的技术。而且随着技术的不断发展，一个业务的流也会发生变化。

我们通过两个例子给大家提供一些参考。首先，大学的主营业务是什么？其实大学的核心业务是人流，目前来说基本是线下的人流业务，所以教育行业是服务业。大学投入大量的固定资产，每年消耗变动成本，本科教育就是要把学生招进来，经过四年之后再把他们送出去，几百年都没有什么变化。但是现在大家发现，大学的人流业务是不是有一部分正在被信息流分流？人不需要去，直接用在线信息流处理完，就可以毕业。更有意思的是，大学未来会演变出什么流呢？我想二十年后有可能会出现如下情景：大学里已经没有学生了，可能还有老师，但老师已经变成各种各样的研究人员了，他们不是在教书，而是在做研究，研究什么呢？研究芯片。如果你想要读金融学博士，有个专业就是研究金融学博士芯片，不管你认不认识字、小学有没有毕业，都无所谓，缴纳学费后，你就会收到这所大学的这个专业出品的一块金融学芯片，把它"嵌入"到皮肤里面，你就是金融学博士了。关于金融学，你以前或许什么都不懂，现在什么都懂了。就像 AlphaGo 一样，我以前是围棋"菜鸟"，可是当我嵌入了 AlphaGo 的芯片之后，所有人都赢不了我。二十年后，当两个陌生人见面时，首先就要相互问一下身上嵌入了几块芯片，嵌入了哪个公司的什么芯片。二十年后，当两个陌生人见面时，首先要申明一下"你还是不是你"的问题。所以大学本来是搞人流的业务，后来变成搞信息流的业务，未来可能会变成搞物流的业务——高科技研发的物流业务，这就是变革。

再举个例子，20世纪80年代的歌星获取利润的途径是唱片产业链中的利润分成，这属于物流的链条。可是MP3出现之后，几乎改变了整个唱片行业，使这个行业变成靠信息流下载获取利润。但是信息流盗版太严重了，导致歌星实际获得的信息流分成不足，所以歌星的创新动机不足，很多歌星没有太多新的作品，那他们怎么获得利润呢？现在的歌星都在靠开演唱会获取利润。开演唱会是人流的业务。流在不同的时代，有不同的表现形式。研究一个业务本质的问题，就要去研究它的利润中心是什么。研究利润中心的五流模型对现在的很多企业都有针对性的指导意义，我认为它可以扩展企业家的思维空间。

最后要指出的是，多利润中心的六大混流创新模式还改变了企业的盈利模式。传统单个流的盈利模式特别简单，羊毛必须出在羊身上，也就是从单个流里产生利润。可是当有多个流捆绑的时候，盈利模式有可能变成羊毛出在狗身上，但最终还是由消费者买单，买单的永远是消费者。所以，如果你只有一个流的能力，就要被具有多个流的实施混流创新模式的企业打劫了。

如果你只有一个流的能力，就要被具有多个流的实施混流创新模式的企业打劫了。

商业裂变的十大趋势

第一大趋势：信息流无处不在，未来所有的业务都将数据化，数据也都将业务化。就像马云所说的，人类终于找到了一个新能源，这个新能源取之不尽，用之不竭，越用还越多，它就是数据。

第二大趋势：服务业的人流有可能会被信息流替代，我们称之为服务信息化，意思是人不需要流动，信息处理完业务就结束了，需要大量人的流动的业务可能会被淘汰。

第三大趋势：人流业务有可能会被物流替代——人不需要过去，物过来就可以了。物品运送是像快递那样，也是人送来的吗？不一定，以后可能会有无人化的技术。

第四大趋势：人流本身要存在就必须升级，我们称之为服务体验化。迪士尼公司投入那么多固定资产建成了迪士尼乐园，没人去的话怎么实现营业收入呢？所以核心就是，有人的流动就需要有更好的体验，吸引人不断地去、多次去，迪士尼乐园就是一个非常了不起的人流的体验创新。

第五大趋势：信息流的处理一定是平台化和云端化的处理，它们都属于集中处理。集中处理可以实现规模经济低边际成本。小公司没有必要自己再投入信息流处理的设备，还不如租用平台化和云端化的信息流服务。

第六大趋势：物流有可能会被信息流替代。物理世界的很多产品消失了，已经被基于某个平台产品的 App 替代。最简单的例子就是，以前的 GPS 导航仪都被基于智能手机的高德地图替代了。所以，当物理世界的很多产品不复存在时，物品的流动业务也就不复存在。

第七大趋势：对于那些需要存在于物理世界的产品来说，它们的转换和流动就要借助于网络化和智能化，这样一来可以提高物品的转换和流动效率。

第八大趋势：人流服务的角度有个性化的需求，需要和企业柔性化、定制化的能力结合，未来会是一个 C2M（Customer to Manufacturer）的时代、一个个性化定制的时代。在 5G 技术到来的时候，很多消费者可以直接对接企业端。企业也可以直接回应消费者，平台的作用可能就慢慢弱化了。

第九大趋势：现在很多企业开展的业务已经全面混流化了。阿里巴巴值得研究，亚马逊也值得研究，因为你并不清楚这两家公司以后会做出什么新业务来。总的来说，创新业务都是混流的业务。这种混流是不是一个普遍的趋势？我们需要更加深入地开展研究。商业从本质上讲要看两个条件：第一，混流之后是否真的加快了实体经济的周转；第二，混流之后是否能够降低或者控制住虚拟经济的风险。如果既能加快实体经济的周转，又能降低虚拟经济的风险，那么这个混流模式应该是一个趋势。

第十大趋势：商流将面临前所未有的挑战，商业将面临前所未有的机会。商流很多时候是由政府决定的，很多混流创新业务到底能不能做，取决于金融监管方能不能把牌照发给申请企业，会不会有一些新的政策法规来制约某些企业业务的开展。所以一些企业的创新其实已经走在了政策法规前面，往往是那些"法无禁止皆可为"的企业创新能力很强。为什么呢？当政府制定了明确的政策法规时，其他企业可能已经没有太大的机会了，而那些先于政策法规创新的企业已经做成了。因为政策法规一出，就形成了进入壁垒。有时，政策的不明朗反而会为商业激发出前所未有的发展机会。

《奈飞文化手册》

- 奈飞前首席人才官帕蒂·麦考德（Patty McCord）颠覆之作，历经 14 年的实践经验，下载超过 1 500 万次的"硅谷重要文件"的深度解读。

- *Business Insider*、《华盛顿邮报》2018 年度值得阅读的领导力书籍，奈飞创始人里德·哈斯廷斯（Reed Hastings）、高瓴资本创始人张磊、爱奇艺创始人龚宇、优客工场创始人毛大庆、《哈佛商业评论》中文版主编何刚联袂力荐！

04

为什么 "晚上9点钟洗澡的大学生成绩更好" ？

BIG DATA

CH

MIND

数据驱动下的教育革命
正在静悄悄地开展……

周涛

电子科技大学教授
成都市新经济发展研究院执行院长

教育在中国有着非常特殊的地位。在全世界还在盛行世袭制度和等级制度的时候，中国第一次通过科举制度把受教育转化为沿着社会等级向上攀爬的一种途径，从而使教育开始被赋予提高社会流动性的责任。在中国有历史记载的绝大多数时间里，教育受到了极度的重视，教育家受到了极大的尊重，《国语》说："……'民生于三，事之如一。'父生之，师教之，君食之。非父不生，非食不长，非教不知生之族也，故一事之……"《荀子》讲："天地者，生之本也；先祖者，类之本也；君师者，治之本也。无天地，恶生？无先祖，恶出？无君师，恶治？三者偏亡，焉无安人。故礼，上事天，下事地，尊先祖，而隆君师，是礼之三本也。"所以我们祭祀的时候同拜"天地君亲师"，从其他古代文明国度来看，这是独特的。

最近几十年，信息技术的发展让优质的教育资源通过互联网覆盖到边远落后地区，教育的多样性和趣味性也大幅度提高了。与此同时，教育过程中积累了大量的数据，使我们第一次有机会应用大数据的技术来理解学生行为、助力学生发展。接下来，我先给大家介绍一下我所理解的教育大数据的基本理念，再用一个鲜活例子来展示大数据的威力。

> 教育过程中积累了大量的数据，使我们第一次有机会应用大数据的技术来理解学生行为、助力学生发展。

教育大数据，引爆四大颠覆式转变

我认为大数据给教育带来的变化主要包括四个方面。

第一，从定性化向定量化转变。传统教育很大程度上是基于经验的积累和传承，我们的很多判断主要来自主观的或者印象深刻的少数几个案例。高中早恋是否会影响学习？外语教学应该从什么时候开始？色情电影会给大学生带来不良影响吗？个子矮的男生和肥胖的女生会出现心理和学习上的问题吗？拼命修更多学分、获得更多学位长期而言是否有价值？……对于这些问题，我们很少能给出一个基于数据的定量回答。曾经有一篇文章讲到这样一个例子：通过对视频数据进行分析，研究者发现老师 2/3 的提问、目光和手势互动都集中在靠近讲台右前方约占整个教室1/4的区域[1]。这篇文章的作者是成都教育科学院的院长罗清红，他举这个例子是为了提醒中小学教师在提问和互动的时候要照顾到整个教室的孩子。这个例子很新颖，不再是以前那种定性的、模模糊糊的说法，而是在用数据说话。

第二，从普适化向个性化转变。尽管教育手段越来越丰富，特别是音视频等多媒体方法得到了广泛应用，但目前我国教育的主要手段还是工业时代的课堂教育，也就是把所有学生看成一样的——大家听一样的课，做一样的家庭作业。这一点在K12基础教育中尤其明显。很多优秀的中学生把90%的时间都用来做他们会做的题目，而得不到提高；然而这些家庭作业对于成绩不太好的学生来说可能又太难了，所以会打击他们的积极性。造成这种两难困境的原因是我们没有办法提供个性化的教学。现在，通过在线课堂的点击记录就可以知道每个学生感兴趣的课程、在这个课程上所花的时间以及停顿和重看的位置、这门课程的成绩等数据，从而能够知道学生的兴趣和学习过程中遇到的难点，进而进行个性化的课程推荐。我的母校成都七中曾经通过翻转课堂的形式，让学生在课堂上用一个iPad答题，并利用累积的学生答题数据给每个学生建立了一棵属于自己的知识树。以此为基础，还可以给学生设计个性化的家庭作业——在学生学得好的方向布置比较困难但量比较少的作业，在学生学得不太好的方向布置量比较大但非常基础的作业。

第三，从静态化向动态化转变。在缺乏实时数据采集能力的情况

1　罗清红. 大数据时代的万人课堂. 北京：人民日报出版社，2017.

下，所有的分析都只能基于一段时间后的数据汇集，所以即便能够获得"定量化的结果"，也会有明显的延时。在很多时候，动态实时的分析以及相应的及时反馈会大幅度提升教学和教育管理的效果。我曾经为电子科技大学和其他几所高校做过一个简单的产品，叫作"失联预警"。我的想法很简单，就是如果一个大学生平时刷校园一卡通的行为很频繁，但是正常上课的时间里连续三天都没有刷卡数据，"失联预警"就会向辅导员报警，让辅导员关注一下这个学生是否出现了异常。这么简单的一个产品却实实在在地发现甚至拯救了一些沉迷网络游戏，或者因为矛盾纷争突然离校离家的学生。试想一下，如果没有一个动态的分析过程，而是在每个期末分析学生的刷卡行为，找出异常，那么所有的结果都只有研究的意义，而没有什么教育管理的价值。上文提到的翻转课堂也有类似的理念。因为课堂上的老师当场就能知道一道题目有多少人选择正确，以及错误主要集中在哪几个选项上，从而立刻就能有针对性地进行讲解，并让出现典型错误的学生讲述自己解题的思路。如果等到考完试再分析试卷，过了几天以后再来讲，效果就大打折扣了。

第四，从后置化向前置化转变。每当学生在学习生活过程中出现异常，我们往往只能进行事后的补救。现在，大数据的采集和分析能力使我们可以进行预测预警，从而在问题发生之前就做好预防。举个例子，我们能够通过分析学生进出图书馆、进出寝室、教学楼打水、图书馆借阅、教学系统选课等数据，从努力程度和学习生活习惯这两个主要维度对学生进行分析，发现他们学习生活中的异常行为，甚至对学生是否会考试不及格以及大学毕业后的去向进行预测，从而提前干预和防止可能出现的负面问题。对于学生的心理和思想问题，也可以采用类似的方法进行预测性管理。

努力程度和生活规律，影响成绩的两大关键

用大数据分析助力 K12 教育的例子很多，但我所做的主要是针对大学生的研究，所以我想讲一讲如何通过学生在学校里的行为数据来预测他的考试成绩[1]。

很多因素都会影响一个人的成绩，比如身体状态——特别胖对成绩的影响就是负面的；又比如智商对成绩影响很大——通常智商越高，成绩越好；最近一些研究小组还找到了若干与成绩好坏关联很强的基因；另外，人口统计学属性，比如家庭情况、党团关系、民族、宗教信仰等都会产生或多或少的影响。我们为什么会关注行为呢？因为其他的因素我们改变不了或者不容易改变，比如说把可能导致成绩不好的基因删掉，这个太难了，相比之下，改变行为要容易得多。

以前这方面的研究往往需要发放调查问卷，但这并不是一个很好的方法，一方面样本量太小，另一方面被调查者不一定说真话。现在，通过信息技术可以得到大量非受控数据，例如 Wi-Fi、智能手机或者校园一卡通中的数据。我们在电子科技大学做了一项研究（见图 4-1），涉及 18 960 名本科生的匿名数据，覆盖了 5 个学期，包括 3 380 567 次洗澡、20 060 881 次吃饭、3 466 020 次进出图书馆和 2 305 311 次在教学楼打水的记录。我们利用这些数据来刻画一个学生的行为特

1　Y. Cao, J. Gao, D. Lian, Z. Rong, J. Shi, Q. Wang, Y. Wu, H. Yao, T. Zhou, Orderliness predicts academic performance : behavioral analysis on campus lifestyle, *J. R. Soc. Interface* 15（2018）20180210.

征，例如努力程度和生活的规律性，然后再看这些特征能否用来预测他的学习成绩。

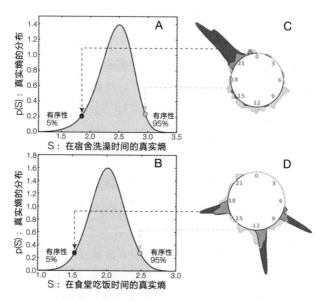

图 4-1　用行为数据刻画出学生的行为特征

注：（A）18 960 个学生洗澡行为真实熵的分布；（B）18 960 个学生吃饭行为真实熵的分布；（C）一个熵低即生活有规律的学生（深灰色）和一个熵高即生活没规律的学生（浅灰色）洗澡时间在 24 小时中的分布；（D）一个熵低即生活有规律的学生（深灰色）和一个熵高即生活没规律的学生（浅灰色）吃饭时间在 24 小时中的分布。

我们直接用进出图书馆的次数和在教学楼打水的次数来刻画学生的努力程度，因为这两种行为与上课及上自习紧密相关。刻画生活的规律性要稍微复杂一点，需要用到真实熵。为什么没有选择香农熵呢？度量洗澡的规律性是可以用香农熵的，因为是看洗澡的时间在 24 小时中分布得是否集中。但如果要度量吃饭，不仅要看时间分布是否集中，还要看是否有序，比如吃早餐、吃午餐、吃晚餐，第二天再吃早餐、吃午餐、吃晚餐，这是有序的。如果今天吃了早餐不吃午餐，直接吃晚餐，第二天不吃早餐，吃午餐和晚餐，这样就没规律了。香农熵度量不了序列的规律性，只有柯尔莫哥洛夫第二熵能够同时度量这个问题，但柯尔莫洛夫第二熵的计算很复杂，于是我们用真实熵做了一个近似[1]。

从图 4-1 中可以看到，一个生活很有规律的学生，基本上都在晚上 9 点钟洗澡。另外一个生活没什么规律的学生，除了凌晨 2 点半到 5 点半不洗澡外，其他时间好像随时都可以去洗澡。去食堂吃饭的情况也与之类似，生活有规律的学生在 8 点左右、11 点到 12 点之间、下午 5 点到 6 点之间去食堂刷卡吃饭，可能要吃十几二十分钟，这和学校课堂作息时间是高度一致的。而那个生活没有规律的学生，除了晚上 10 点到清晨 6 点（这段时间学校食堂也不开门），其他时间随时都可以去食堂刷卡，不一定是吃饭，可能就是买根烤肠、买杯水，但明显没什么规律。

充分利用研究得到的数据，包括以前的考试成绩，我们可以很精确地预测一个学生的期末考试成绩。

1　P. Xu, L. Yin, Z. Yue, T. Zhou, On predictability of time series, *Physica A* 523（2019）345.

如图 4-2 所示，学生的努力程度和生活规律性与成绩之间都有着很强的关联。除了吃饭、洗澡的时间，我们还分析了很多特征，包括学生睡觉的时间、睡觉的规律性以及和他行为相似的同学的成绩等，这些都与 GPA（Grade Point Average，平均学分绩点）有关系[1]。充分利用这些数据，包括以前的考试成绩，我们就可以很精确地预测一个学生的期末考试成绩排名。

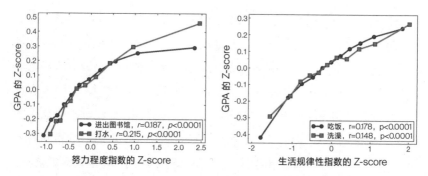

图 4-2　努力程度（左图）和生活规律性（右图）两个行为特征与考试成绩之间的相关性
注：图中给出的是 Z-score（标准分数）之间的关联，也就是减掉了均值再除以标准差之后的值。

1　Huaxiu Yao, Defu Lian, Yi Cao, Yifan Wu, Tao Zhou, Predicting Academic Performance for College Students：A Campus Behavior Perspective, *ACM Transactions on Intelligent Systems and Technology* 10（2019）24.

整体性与多样化的两难选择

　　我们的研究结果有助于人们理解影响学生成绩的主要因素，对于实现个性化教育和学生管理具有重要意义。一方面，基于大规模非干预行为数据得到的生活规律性指数，首次被发现与学生成绩显著相关，这一结果支持了东方教育和文化背景下对于课堂纪律性和生活规律性的特别强调。另一方面，通过分析行为数据和计算学生严谨性指数能够发现行为异常的学生。例如，网络游戏成瘾的学生表现出极不规律的生活作息，抑郁和孤僻的学生更倾向于独来独往。我们的方法有助于教育管理人员及时察觉学生的异常行为和心理问题，及早采取干预和帮助措施，更好地引导学生的校园生活。举例来说，一个学生上个月去图书馆 20 次，在教学楼打水 30 次，这个月只去了 2 次图书馆，在教学楼打水只打了 5 次，那么我们就要关注一下他的情况了。在没有这种针对过程数据的分析手段时，如果一个学生沉迷游戏，第一学期考试可能勉强及格，第二学期可能有一两科没及格，这些现象当时没有引起重视，等到一年多、两年后，多科不及格的时候，再想改正就很困难了。行为数据分析的好处是能够及时通过异常变化发现问题，而不会有很长时间的滞后。

　　数据驱动下的教育革命正在静悄悄地开展，实际上，这场革命将波及包括心理学、社会学、经济学、管理学在内的很多原本是定性或者半定量的科学[1]。当然，这并不是一个一帆风顺的过程，因为教育和每一个对象息息相关，我们必须谨慎考虑隐私和伦理的问题。尽管我们已经通过技术手段避免数据分析人员获知学生的身份信息，而只有辅导员能够了解出现特定异常行为的学生情况，但是这种信息披露的程度是否合理，在不同教育阶段分别应该保护隐私到什么程度，都还是值得探索和充满争议的问题。这种"大数据化"的教育系统在整体提高学生学习水平的同时，是否会减少学生思想行为的多样性，甚至压制创造性，也是需要我们认真对待的问题。

1　Jian Gao, Yi-Cheng Zhang, Tao Zhou, Computational Socioeconomics, *Physics Reports* 817（2019）1.

《大数据时代》

● 《大数据时代》是国外大数据研究的先河之作。被誉为"大数据商业应用第一人"的维克托·迈尔-舍恩伯格（Viktor Mayer-Schönberger）在书中前瞻性地指出，大数据带来的信息风暴正在变革我们的生活、工作和思维。

● 本书最具洞见之处在于，作者明确指出大数据时代最大的转变就是放弃对因果关系的渴求，取而代之的是关注相关关系，颠覆了千百年来人类的思维惯例，对人类的认知和与世界交流的方式提出了全新的挑战。

《人工智能时代》

● 当机器人霸占了你的工作，你该怎么办？机器人犯罪，谁才该负责？人工智能时代，人类价值如何重新定义？《人工智能时代》是引爆人机共生新生态的一本必读之作。

● 智能时代领军人、硅谷连续创业者杰瑞·卡普兰（Jerry Kaplan）在《人工智能时代》一书中指出，智能时代的到来给人类社会带来了两大灾难性冲击：持续性失业与不断加剧的贫富差距。机器正在很大程度上替代人类的工作，不管你是蓝领还是白领。

古 DNA 如何揭示
人类起源的秘密？

EVOLUTIONARY
THINKING

CH
MIND

EERS

THON

我们从哪里来？

王传超

厦门大学人类学研究所所长、教授、博士生导师很多人都想知道，我们该如何追溯几百万年来人类的历史？尼安德特人与我们的祖先有没有发生过基因的混合？这些都是大众特别关注的"有意思"的问题。而事实上，这些问题的答案只与一个"更有意思"的东西有关，那就是古 DNA。古 DNA 指的是从考古遗迹以及古生物化石标本中获取的古生物的遗传物质。古 DNA 研究是以分子生物学技术为基础发展起来的一个新兴领域，通过古 DNA 研究，我们能够分析古代生物的谱系、分子演化理论、人类的起源和迁徙、动植物的家养和驯化过程等。

我们研究的是没有生命的东西，所以在伦理审查上会简单一些。我会问某块骨头：你是否愿意让我提取你的 DNA？你不回答就当是同意了。为什么要问一下呢？因为需要用电钻把粉末钻出来才能提取 DNA。我们在实验室里要把自己全副武装起来，经过一个风淋室，用风吹一下，把身上可能带的头屑、皮屑、粉尘等去除，然后在一个完全隔离的房间里做实验（见图 5-1）。房间里有一台空气过滤机，用来过滤外界空气，同时加压，让空气往外流，这样外面的空气就不会流到房间里来，也不会对这些骨头造成污染。这些骨头已被存放了几千年甚至几万年，如果我们对着其中一块吹一口气，那么提取出的 DNA 可能是经过我们污染的，而不是这块骨头真正的 DNA，所以我们要非常小心地去做实验。

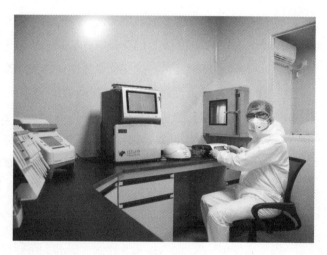

图 5-1　王传超教授在古 DNA 超净实验室

提到古 DNA，中国最早的古 DNA 研究是 20 世纪 70 年代末 80 年代初对湖南长沙马王堆汉墓的研究（见图 5-2）。当时，来自上海实验生物研究所和湖南医科大学的研究者从马王堆汉墓的女尸中观察并提取出了 DNA 和 RNA，证明古尸中也可以提取 DNA。

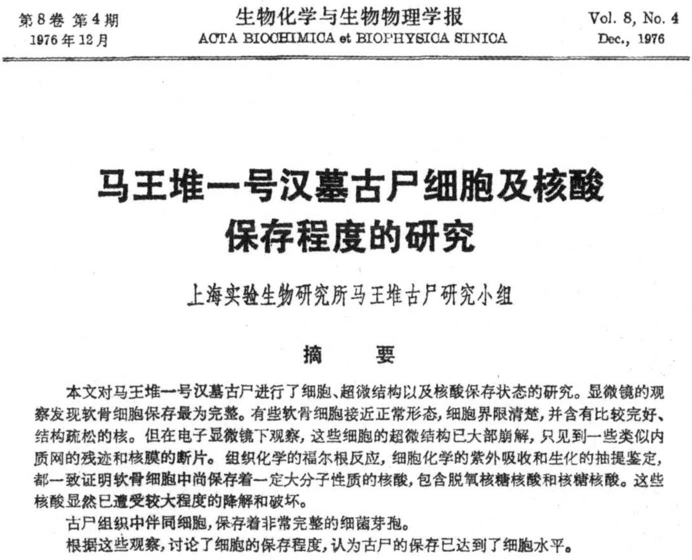

第 8 卷 第 4 期
1976 年 12 月

生物化学与生物物理学报
ACTA BIOCHIMICA et BIOPHYSICA SINICA

Vol. 8, No. 4
Dec., 1976

马王堆一号汉墓古尸细胞及核酸
保存程度的研究

上海实验生物研究所马王堆古尸研究小组

摘　要

本文对马王堆一号汉墓古尸进行了细胞、超微结构以及核酸保存状态的研究。显微镜的观察发现软骨细胞保存最为完整。有些软骨细胞接近正常形态,细胞界限清楚,并含有比较完好、结构疏松的核。但在电子显微镜下观察,这些细胞的超微结构已大部崩解,只见到一些类似内质网的残迹和核膜的断片。组织化学的福尔根反应,细胞化学的紫外吸收和生化的抽提鉴定,都一致证明软骨细胞中尚保存着一定大分子性质的核酸,包含脱氧核糖核酸和核糖核酸。这些核酸显然已遭受较大程度的降解和破坏。

古尸组织中伴同细胞,保存着非常完整的细菌芽孢。

根据这些观察,讨论了细胞的保存程度,认为古尸的保存已达到了细胞水平。

图 5-2　1976 年《生物化学与生物物理学报》上发表的马王堆汉墓古尸细胞及核酸研究的论文

古 DNA 技术的三次革命

经过去 30 年的发展,我们的前辈始终在与古 DNA 做斗争,我们面临着一系列标准和规范,现代人 DNA 的处理完全无法与之相比。研究者已经建立起一整套的流程来处理古人的 DNA 样本。最开始应用的是分子克隆的方法(见图 5-3),我们读大学的时候还要养大肠杆菌,需要转克隆,这是非常原始的方法。分子克隆方法在班驴线粒体 DNA 和埃及木乃伊上的成功运用,充分证明了古 DNA 研究的可行性和重要性,开创了古 DNA 研究的先河。

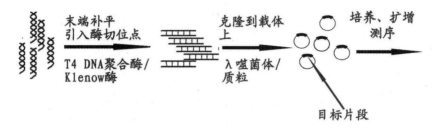

图 5-3 分子克隆方法

资料来源：王传超，李辉. 古 DNA 分析技术发展的三次革命. 现代人类学通讯，2010，4：e6/35-42.

之后出现了聚合酶链式反应（Polymerase Chain Reaction，PCR，见图 5-4），但是因为从很多古生物样本中提取到的 DNA 含量太低，很多古代材料中的 DNA 常常无法通过 PCR 被检测到。它的缺点就是在扩增古代人的 DNA 的同时，也会使环境里微生物的 DNA 或者各种外界的污染扩增起来。古 DNA 研究人员曾经闹了一个很大的笑话：有人说提取了恐龙蛋里面的 DNA，就可以知道恐龙的 DNA 是什么。后来研究者发现，由于技术方法的限制，提取的 DNA 不是恐龙的 DNA，而是恐龙蛋周围环境中真菌的 DNA。

到了大约 10 年前，我们引入了二代测序技术，也就是高通量测序技术。它的特点是能以非常低的成本和非常快的速度产出大量的数据。那么这个非常低的成本能低到什么程度呢？20 年前，测序第一个人类全基因组 30 亿个位点花费了 30 亿美元，相当于每测一个位点要用 1 美元；而现在，测序一个人的全基因组只需要 3 000 元人民币，价格是之前的几万分之一。大规模测序所得的数据里面既有我们需要的真正的古 DNA，也有外面环境中的真菌、病原菌的污染。数据量大到一定程度时就不怕污染了，我们可以把真正的古 DNA 的片段从污染的序列里分离出来，并且能准确地估算污染率。二代测序技术带来了古 DNA 研究领域的革命。

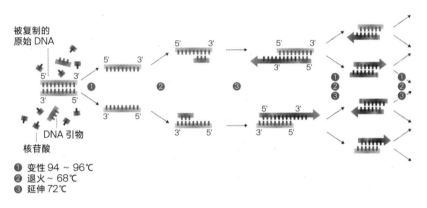

图 5-4　聚合酶链式反应（PCR）技术

我们知道，已发表的古人类基因组主要集中在欧洲，美洲和非洲也有一些，但中国几乎没有。到现在为止，被发表的古人类全基因组数据总计应该有1000多个，未发表的至少有1万个。为什么它们没有发表呢？因为要想发表，就需要有一个很好的故事，能引起《自然》《科学》杂志编辑的兴趣才行。

我们从哪里来?

今天,我们来看看能不能回到几百万年前,探寻人类的起源、迁徙和演化。我们将分成几个小问题来讲。首先,我们从哪里来?大家都会问:我们的祖先是从哪里来的?经过什么样的演变过程而成为现在的我们?我们的祖先究竟是谁?

我们的祖先是从哪里来的?经过什么样的演变过程而成为现在的我们?我们的祖先究竟是谁?

早在 200 多年前,达尔文在《物种起源》一书中提出了以"自然选择"为核心思想的生物进化理论,他用解剖学、胚胎学以及残迹器官等材料进行研究,提出了人类起源于某一低等生物类型的证据,认为类人猿是与人类最接近的亲戚。人类有可能是源于旧大陆的一种古猿,从谱系来看应该是狭鼻猴的同类,人类早期祖先的诞生地很可能是在非洲大陆上。

随着越来越多的化石被发现,人类起源的历程也变得逐渐明晰。现在我们知道,人类的进化可以分为四大阶段:700 万～500 万年前的南方古猿阶段,250 万年前的能人阶段,然后是直立人阶段——他们的脑袋比南方古猿和能人大得多,人类的脑袋像按了一个开关一样飞速变大,大到 1300 毫升的脑容量,是之前的好几倍,个别个体的脑容量可能更高;最后一个阶段是在大约 30 万年前,人类祖先在地球上出现了，其面部特征比之前的古人类更加平缓，脑容量也会稍大一些。

从南方古猿到能人再到直立人，他们基本都存在于非洲——因为人类的化石大多发现于非洲，所以人们对此没有质疑。大家的疑问是，由直立人到我们的祖先智人这一步是在什么时候、在哪里发生的？现在主要有两种观点。第一种观点是多地区起源学说，简单来讲就是 200 万年前直立人从非洲走出来，到了亚洲、欧洲和大洋洲，逐渐演化成了亚洲人、欧洲人和大洋洲人，而中国人的祖先可以追溯为北京猿人、元谋人这样一些中国的古人类。

第二种观点是非洲起源学说。从图 5-5 中的比较可以看出，非洲起源学说认为，我们的直系祖先并不是 200 多万年前分散到世界各地的直立人，而是晚近时期从非洲走出来的智人。原来分散在各地的直立人在演化过程中出现了人群的一个断层，北京猿人并没有活到现在，而我们的智人祖先是 20 多万年前在非洲演化而来，并在 10 万～5 万年前再一次从非洲走出来，到达欧洲、亚洲、大洋洲，替换掉以前存在于这些地方的直立人。

这两种观点是由不同的学科证据得出的，比如多地区起源学说主要是由一些古人类学家通过古人类的体质测量得出的。举个例子，百分之八九十的中国人的门牙都像一个小铲子一样，而铲形门齿这个特征在中国的古人类（包括直立人）中也有出现，因此是一脉相承的。

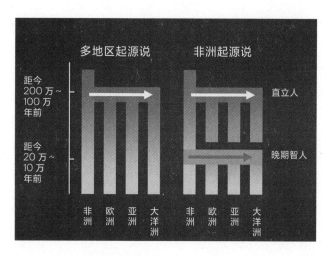

图 5-5 现代人起源的两种模型

　　非洲起源说源自 1987 年《自然》杂志发表的一篇论文，研究者发现人类所有的线粒体 DNA 都来自一个女人，即"线粒体夏娃"，而她活在大约 20 万年前的非洲。非洲起源学说的支持者主要是研究生物学、遗传学的人，主要证据来自 DNA。研究者发现，无论是在常染色体、Y 染色体还是线粒体 DNA 方面，无论将身边何种人群与非洲人群相比，非洲人群的祖先与我们都同源；而且我们和非洲人群的共同祖先存在的时间段也非常接近，都是 20 多万年前，而不是 200 万年前。也就是说全世界的人都是非常近的亲戚，都可以追溯到 20 多万年前的一个共同祖先。举例来说，科学家们对东亚地区 12 127 份男性随机样本的 Y 染色体进行了 SNP 分型研究，发现这些样本无一例外都带有 M89、M130 和 YAP 这三种 M168 下游的突变之一（见图 5-6），也就是说它们都是走出非洲的 M168 的突变型。从父系角度看，现存的东亚人群都是走出非洲的人的后裔，这是支持现代人的非洲起源说的强有力的遗传学证据。

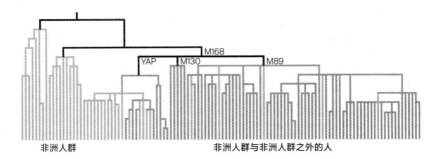

图 5-6　Y 染色体支持中国人来自 5 万多年前的非洲

资料来源：Yuehai Ke, et al., "African Origin of Modern Humans in East Asia：A Tale of 12,000 Y Chromosomes", *Science* 292, no. 5519（2001）: 1152-54.

要检验这两种观点哪一个正确，一个决定因素是我们可以试着看一下，人类的祖先是否和直立人或其他非洲以外的古人类有关系。我们可以通过测序与人类祖先在同一个时代的古人类的 DNA，来确认这些古人类与人类祖先是否有混血。欧洲的尼安德特人和阿尔泰山附近的丹尼索瓦人都是在 3 万年前灭绝的古人类，我们首先看看我们的体内有没有他们的 DNA。

德国马克斯·普朗克研究所和哈佛医学院的研究团队在 DNA 研究方面做出了一些成果。研究者把 40 多万年前的海德堡人、3 万多年前的尼安德特人和丹尼索瓦人的 DNA 与现代人类的 DNA 进行比较。结果显示，海德堡人的线粒体 DNA 与丹尼索瓦人的关系比与尼安德特人的关系更近，而全基因组数据却与尼安德特人更接近，这说明这些已灭绝的古人类已有遗传结构上的复杂分化。尼安德特人与现代的亚洲人和欧洲人都有 2% ~ 3% 的混血关系，但是对非洲人没有遗传贡献，而丹尼索瓦人对生活在东南亚和大洋洲的澳大利亚人、巴布亚人和新几内亚人都有 5% ~ 6% 的 DNA 贡献，对中国人则只有 0.2% 的贡献。中国人身上几乎看不到丹尼索瓦人的遗传成分，但是有尼安德特人的成分。

由此推论，人类的祖先走出非洲后，应该在近东地区碰到了尼安德特人，发生了混血，然后再分化出欧洲人和亚洲人。亚洲人沿海岸线走向东亚的过程中，很可能是在东南亚大陆碰到另外一种古人类——丹尼索瓦人，并与之发生了混血，导致生活在东南亚和大洋洲岛屿上的土著人群巴布亚人、新几内亚人和澳大利亚人有丹尼索瓦人的 DNA，而中国人身上是几乎没有的。

现代人类起源于非洲，但在走出非洲后遇到了欧亚大陆的古人类，发生了混血。中国人的基因组有 95% 以上可以追溯到 30 万 ~ 20 万年前的非洲大陆，只有很少的一部分是其他的古人类给我们的 DNA。这个结论不支持现代人的多地区起源，事实上非洲起源说也不完全准确，现代人起源的模型更确切地说是"非洲起源附带杂交"。

如果现代人主体来自晚近时期的非洲，那么又要如何解释古人类学家们观察到的铲形门齿呢？科学家们发现位于 2 号染色体上的 EDAR 基因有一个 370A 突变型，可以让汗腺密度增加 15%、让头发变得又粗又密、使女性的乳房变小等，并且能够使门齿变成"铲形"。这个突变型在 3 万年前出现之后迅速在东亚人群中扩散。如今，93% 的汉族人都带有这个基因型。

所以，一个可能的解释是，我们的祖先来到东南亚和东亚南方地区之后，为了适应这里的湿热气候而使 EDAR-370A 这个突变在人群中扩散开来。我们的铲形门齿不一定是直接继承自几十万年前的本地直立人。

欧亚人群的迁徙

欧洲人和亚洲人什么时候开始分开，各自的特征又在什么时候开始形成？这个问题的解决得益于尼安德特人和丹尼索瓦人与人类的混血。我们可以与通过尼安德特人和丹尼索瓦人有关的 DNA 片段在人类体内的片段化程度来估算混血发生的时间（见图 5-7）。中国人的祖先和尼安德特人混血大约发生在 5.4 万～4.9 万年前，当时欧亚人群还没有分开。丹尼索瓦人和东南亚土著的祖先人群混血的时间大约在 4.9 万～4.4 万年前，当时东亚人的祖先和东南亚土著的祖先已经分开了。因此，中国人和欧洲人分离的时间大概在 5 万～4 万年前的某一时间点，欧亚人群分开之后就开始分道扬镳，一个分支走向东边，成了东亚、东南亚和大洋洲人群的祖先；一个分支向西走向了欧洲，演化为现在的欧洲人群。2013 年和 2018 年，距今 4 万年的北京田园洞人的 21 号染色体和 200 万全基因组位点的捕获测序发现，田园洞人在谱系上已与现代欧洲人的祖先分离，而呈现亚洲人遗传特征，这证实了上述欧亚人群分离的时间推断是合理的。

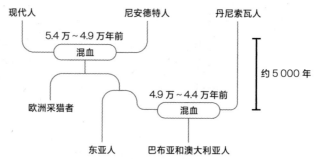

图 5-7　欧亚人群分离时间推算

资料来源：大卫·赖克．人类起源的故事．叶凯雄，胡正飞，译．杭州：浙江人民出版社，2019.[1]

走向欧洲的现代人分支经过几万年的演化之后，在欧洲各地形成了采集狩猎（简称"采猎"）人群，有东部采猎人群、西部采猎人群和高加索采猎人群等，这里的"采猎"指的是依靠采集野果和打猎来维持生计的生活方式。这些采猎人群之间的差异非常大，大到什么程度呢？举

1　《人类起源的故事》从基因层面还原了人类祖先的面貌，重新谱写了一曲 50 万年的人类迁徙演化之歌。本书中文简体字版已由湛庐文化引进，浙江人民出版社 2019 年出版。——编者注

例来说，与现在中国人和法国人的遗传差异差不多。那这个时候的欧洲采猎人群和现在一样金发碧眼吗？不是的。那时候的欧洲人是黑头发、蓝眼睛，肤色也比较深。

而在1万年前左右，近东地区的黎凡特（Levant）和安纳托利亚（Anatolia）首先出现了农业。人们开始驯化野生的动植物作为家畜和农作物，从那时开始，只要安分守己地种田就能有稳定的食物来源，在满足生活所需的前提下，人口的大规模增长也成为必然。近东的农业人群拥有棕色的眼睛、黑色的头发，肤色比较浅。由于人口扩张，农业人群向西迁徙进入欧洲，在传播农业技术的同时也在传播DNA——他们与欧洲的采猎人群发生了混合，形成了欧洲早期的农业人群。有趣的是，波罗的海周边出现了采猎文化和农耕文化共存的场景。其中最具代表性的是漏斗颈陶文化，该文化主要分布在波罗的海沿岸几百公里宽的地域内。第一批农民并没有造访这里，可能是因为他们的农耕技术还不适应北欧的黏重土质。正是由于难以耕作的环境使得农民们无意入侵，再加上波罗的海周围地区丰富的渔业和狩猎资源可以支持传统的狩猎采集生活方式，波罗的海周边的采猎者们多出了1 000余年的时间来适应农业文明。这群人先从南边的邻居那里接收了家畜，然后是农作物，但依然保留了他们作为采猎者的很多元素。他们还建造了各种巨石阵——这种集体墓穴是用巨大的石头制成的，每一块石头都需要几十人才能挪动。考古学家科林·伦福儒（Colin Renfrew）认为，巨石建筑本身就是一个边界，分开了南部农民和由采猎者转变而来的农民。这是一种领地宣告的方法，目的是昭告自己与众不同的人群和文化。

近东地区的农业人群可能给欧洲人带去了比较浅的肤色，那么欧洲人金色的头发又来自哪里？这就要提到欧洲另一个祖先。他们是来自西伯利亚贝加尔湖旁的一群古人类，在距今 2.3 万～1.7 万年前与欧洲土著的采猎人群、近东地区的农业人群混合。这三拨人共同形成了现在欧洲人群的遗传框架。他们都对现在的欧洲人群有非常多的遗传学贡献，最终形成了蓝眼睛、白皮肤、金头发的欧洲人群。

让我们把时间尺度拉回 6 900 年前，在欧亚大草原上，东部采猎人群和高加索采猎人群相遇，形成了另外一个人群，那就是青铜时代早中期的颜那亚（Yamnaya）游牧人群。他们从蒙古高原学会了驯化马的技术，还发明了带轮子的车。颜那亚人群会骑马，又有了轮子和车，因此他们移动的速度和效率得到了极大的提高，形成一股很强大的力量，横扫了整个欧亚草原。颜那亚人群的扩张可能与公元前 4000 年的一系列的文化和技术创新、印欧语系的扩散等有关。比如，他们在 4 800 多年前向西扩张，进入了欧洲，与当地的早期农业人群混合，贡献给当时的欧洲人大约 1/3 的 DNA，形成了欧洲的绳纹器文化，其典型特征是在陶器上印上花纹。颜那亚人群的一个分支向东迁徙，进入了阿尔泰山地区，形成了阿凡纳谢沃文化（Afanasievo Culture）。根据最新的研究成果，颜那亚和阿凡纳谢沃人群在 3 000～2 000 年前进入了中国的天山北麓。我们熟知的小河美女、楼兰公主等干尸以及神秘的吐火罗语人群，都有可能是这批草原游牧人群南下后与东亚人群混合而形成的。同时，颜那亚游牧人群还向西南方迁徙，进入印度，与来自伊朗的农业人群混合，形成了印度传说中来自北方的、可能与雅利安人有关的人群。他们进入印度，碰到了印度的土著，也就是现在还生活在安达曼群岛上的小黑人。这两拨人发生混合，形成了现在的印度人群。印度有一个非常复杂的制度叫"种姓制"，它有着严格的阶层划分，要求人们只能在某个固定阶层里通婚，不同阶层很难通婚。其中婆罗门是地位很高的种姓，从遗传学上看，婆罗门这样的印度高种姓祖先成分里，来自与颜那亚有关的北方印欧人群的成分会高很多，相反，印度下层种姓的祖先成分里来自北方的比例相对会更低。这说明社会结构对于人群混血和遗传结构都有影响。而欧亚草原青铜时代中晚期的人群，比如安德罗诺沃人（Andronovo），又有了欧洲农民的 DNA 成分，说明欧洲的农业人群在颜那亚人群之后又东扩进入了欧亚草原。

在欧洲翻天覆地的同时，在亚洲，我们的祖先也没有闲着。4 万多年前，亚洲人群分为两个分支，第一个分支到达了印度的安达曼群岛上，第二个分支继续向东进入了东南亚和澳大利亚。第二个分支又一分为二，一个主要分支继续北上，进入东亚，变成了我们的祖先，也就是汉族人的祖先，其中一批人继续北上，跨过西伯利亚到达美洲。在进入美洲的过程中，这群人在西伯利亚贝加尔湖旁碰到了给欧洲贡献金色头发的古人群，两者发生混合——与我们的祖先有关的人群贡献了约 60% 的 DNA，贝加尔湖旁的古人贡献了约 40% 的 DNA，形成了美洲人群。在距今 2 万～1.5 万年前的末次冰盛期，他们跨过白令海峡到达了美洲。另一个分支则和丹尼索瓦人混血，带着丹尼索瓦人的 DNA 继续南下到达了东南亚和大洋洲，形成了现在的巴布亚人、新几内亚人和澳大利亚人。

社交媒体上有各种文章说美洲的印第安人是中国商朝人的后代，为什么要叫"印第安"呢？因为他们见面时会相互问候："殷地安否？"现在看来，美洲土著的形成和商朝其实不是在一个时间尺度上，关公是不可能战秦琼的，1 万多年前的事情和"殷地安否"也没有关系。有研究民族和历史的学者还特别认真地问过我们，美洲人究竟跟商朝人有没有关系，我们觉得真的没有关系。

中国人的祖先主要分成两个分支，一个分支处在黄河流域，一个分支处在长江流域（见图5-8）。黄河流域的祖先存在于5 000～4 000年前，其中一支走向了青藏高原，与那里的土著人群混合，形成了现在的藏族、彝族等藏缅语人群。3 150～1 250年前的尼泊尔样本也与现代的藏族人群有着高度的遗传连续性，说明藏缅语人群的形成至少在3 000年前。另外一个分支向东、向南迁徙，形成了现在的汉族人群。汉藏人群有着很强的同源关系。汉族可以以长江为界分为两个遗传亚群：南方汉族和北方汉族。南方汉族可以看作是北方汉族和南方土著群体混合形成的。几乎所有的汉族群体的父系Y染色体单倍群分布都极为相似，但北方汉族与南方汉族的线粒体单倍群分布非常不同，表明北方汉族与南方当地民族发生了大规模的性别偏向性遗传混合，南方汉族的父系基因库主要来自北方汉族，而母系基因库大约有一半来自南方土著民族。

在南方，长江流域伴着水稻农业繁盛起来的农业人群开始走向东南，到达我国的台湾，经由台湾再到东南亚，甚至走到非洲的马达加斯加，他们同时传播了一种叫南岛语的语言。中国大陆的福建沿海地区曾发现两具距今8 000～7 500年的亮岛古人遗骸，经过古DNA提取发现，亮岛人的线粒体DNA序列与台湾南岛语人群最为接近，其线粒体DNA类型属于现存南岛语人群中最古老的单倍群E的早期分支之一，由M9单倍群分化而来，而M9单倍群主要分布在东亚大陆上，可以看出亮岛人与东亚大陆人群早期有着密切关系。在东南亚的瓦努阿图和汤加等地，对3 100～2 300年前古DNA全基因组的研究没有发现与东南亚土著巴布亚人有关的祖源成分。这支持了前面提到的南岛语系从台湾快速扩散到东南亚岛屿上的说法，而巴布亚人群的相关血统是在距今大约2 300年前到达瓦努阿图和汤加的。尽管远大洋洲人群的遗传结构发生了巨大变化，但作为外来语的巴布亚语言并没有取代南岛语言。

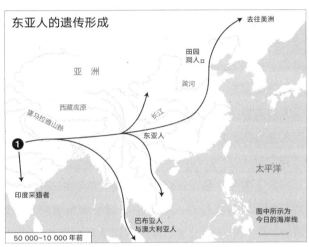

图 5-8 东亚人群的迁徙历史

资料来源：华夏地理，2019（5）.

图审字（2018）第 8246 号

长江流域的农业人群还有一支走向西南地区，形成了现在的壮侗语人群，包括现在的壮族、侗族、水族、仫佬族、黎族等群体。这群人走向了东南亚，也带动了东南亚的采猎人群向农业社会发展。

　　在中国东北和俄罗斯远东地区，我们观察到了很强的人群连续性，比如，距今 8 000 年的俄罗斯远东地区魔鬼门（Devil Gate）遗址古人在遗传上与现今的通古斯语人群非常一致。不同的是，现今的通古斯语人群普遍带有与汉族相关的祖源成分，这可能是源自中原或南方地区的农业人群的扩张。

　　有了农业之后，人群开始大量扩张，表现在 Y 染色体上就是出现了大量的下游分支节点。我们在 Y 染色体单倍群 O-M324 下发现了三个星状扩张，这三个父系支系在几百年的时间内成功扩张，在现在大部分东亚族群里出现的频率都很高，总共占到了现今全部汉族的 40% 以上。这三个支系的扩张时间分别是 6 800 年前、6 500 年前和 5 400 年前，这与中国北方全面转入农业阶段的时间相吻合。将近一半的汉族男性可以追溯到 7 000 ~ 5 000 年前的三个老祖宗（见图 5-9）。

　　以农业为中心，无论在欧洲还是在中国都发生了大规模的人群扩张、迁徙和流动。简单来说，吃饱饭之后大家就想出去找点事情做，于是出现了人群的大量迁徙。

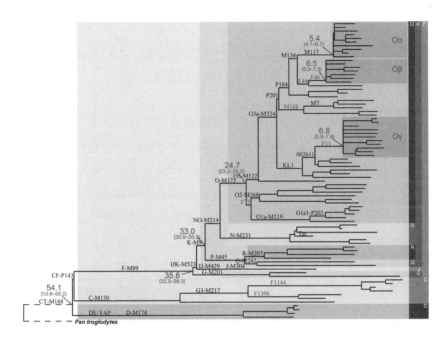

图 5-9　Y 染色体揭示中国人群的三个新石器时代的男性老祖宗

资料来源: Yan S, Wang C-C, Zheng H-X, Wang W, Qin Z-D, et al. (2014) Y Chromosomes of 40% Chinese Descend from Three Neolithic Super-Grandfathers. *PLoSONE* 9 (8): e105691.

古人类 DNA 与环境适应

关于古人类 DNA 与环境的适应，大家都很关心的问题是：我们和古人的混血究竟有什么用，有什么好处和坏处？

一个好处是环境的变化可以改变人类的基因。想象一下，人类的祖先在 5 万多年前从非洲走出来，所面临的欧洲、亚洲的环境肯定与非洲不同，欧洲和亚洲气温低、紫外线弱。为了更好地适应环境，人类需要一些基因突变，比如在东亚人体内，与肤色变化、紫外线辐射响应、叶酸代谢等有关的基因都带有尼安德特人的遗留片段。

还有一个极端的例子。今天，青藏高原的海拔非常高，是一种缺氧的高原环境。我们如果坐飞机去拉萨，下飞机后的一两天里会出现头疼、胸闷、气短、厌食、恶心和呕吐等状况，少数可发展成高原肺水肿或脑水肿，这就是高原反应。但是藏族人群在高原上面生存得非常好，无论是日常活动还是产妇生孩子都没有问题。我们都知道怀孕和生孩子这一关是很难过的，如果出现缺氧、缺血等情况，孩子就有可能生长发育得不好。后来研究发现，有一系列的基因在藏族人群的高原缺氧适应中发挥了作用，其中的 EPAS1 基因可能起着关键作用。EPAS1 基因所表达的蛋白是介导一些受氧气调控基因表达的转录因子的组成部分，涉及胚胎心脏的发育，并在脐带的血管壁内皮细胞中表达，能维持儿茶酚胺类物质在胚胎早期发育中的稳定，以防止心脏衰竭。

更有趣的是，藏族人的 EPAS1 基因包含一个 32.7KB、存在高度差异的单倍型，与此类型的藏族人最相近的却是丹尼索瓦人（见图 5-10）。因此，很可能是藏族人群的祖先与丹尼索瓦人有过混血，EPAS1 的该单倍型从丹尼索瓦人的基因里流动到藏族人群中，使得藏族人血红蛋白运载氧的能力比汉族人强得多，促进了藏族人群对恶劣的高海拔环境的适应。2019 年 5 月，中科院青藏高原研究所与兰州大学在甘肃夏河县发现了一块 16 万年前古人类的半截下颌骨，经古蛋白分析显示，该下颌骨属于丹尼索瓦人。这个发现将史前人类在青藏高原活动的最早时间从距今 4 万年前移至距今 16 万年前，也为藏族人的 EPAS1 基因源自丹尼索瓦人的说法提供了支持证据。

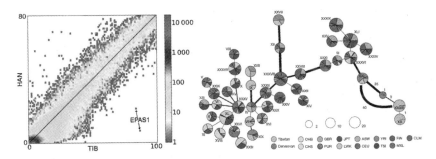

图 5-10　藏族人和汉族人在高原适应基因 EPAS1 上的差异可能来自丹尼索瓦古人类

资料来源：Emilia Huerta-Sánchez et al. *Nature*. 2014 Aug 14; 512（7513）: 194-197 . Yi X, et al. Sequencing of 50 human exomes reveals adaptation to high altitude. *Science*. 2010; 329 : 75-78.

　　古人类混血也给人类带来一些不好的影响。比如，我们现在会得抑郁症，对尼古丁上瘾，营养失衡，尿道功能失常，患上血栓、光化性角化病等疾病，这些都有可能是尼安德特人带给我们的健康隐患。当然，到底是好还是坏还要考虑当时的环境，根据是否适应环境来判断其利害关系。比如说，在采集狩猎的生活方式下，史前人类需要有较强的凝血功能，才能保证在受伤的情况下不至于流血丧命，而较强的凝血功能在我们现代人身上可能就会造成血栓。

世界上本没有纯净的血统

人类的起源和演变过程是世界上十大科学问题之一，因此受到了学术界和大众的广泛关注。在经历了人体测量学、古人类学的探索和争论之后，古人类DNA方法的介入使这一问题变得越来越明朗。用古基因组学和计算生物学方法研究人群的基因组信息，解决人类起源、多样化和环境适应等领域的问题，为我们研究人类的起源、迁徙和演化历史提供了一个最直接的窗口，使得人们对人类自身的认识和对社会的理解大大加深，使人类学研究翻开了历史性的一页。

> **世界上本没有纯净的血统，任何的族群都是你中有我，我中有你。**

通过比较和分析几十万年来的古人类DNA，我们认识到人类的历史是一部不同人群之间不断交融混合的历史。无论是现代人的祖先与尼安德特人、丹尼索瓦人混血，还是欧洲不同地区的采猎人群和农业人群混合，抑或是东亚地区农业人群的迁徙扩张以及与土著人群的融合，都在书写这段历史。世界上本没有纯净的血统，任何的族群都是你中有我，我中有你。

人类的每一次进化，都是与环境的斗争

为什么黑种人是黑种人？白种人是白种人？而黄种人又是黄种人？除去日照、生存环境这些因素，从体力来看，除了拉美人之外，我们应该是进化中走得最远的，但反而体力并不够强。那么，迁徙又是如何影响了我们现在的身体形态的？

人类各种体貌特征的演化，其中一部分与自然环境有很大关系，比如日照强度、紫外线强度这些确定的相关因素。而肤色，在很大程度上也是为了适应日照中紫外线的强度而变得各不相同的。

人类一些体貌特征的变化还有另外一个很重要的影响因素，那就是生活环境。和欧洲相比，我们的生存环境其实相对适宜，无论从气候、纬度还是温度来讲，都比北欧好很多，于是中国的农业才会得到非常迅速的发展。全世界人口数排在前两位的国家一个是中国，一个是印度，为什么？因为这两个地方的农业足以支撑足够多的人口，有了农业之后，大家不用拼命出去打猎了，因为打猎很危险。人们只要老老实实种田，就可以衣食无忧。

这样一来，就会在一定程度上造成人类体质有一些退化，或者产生一些变化。比如说，经常锻炼的人肌肉会比较发达，但是隔一段时间不练，肌肉就会退化。在过去几千年里，我们祖先的生存和生活环境比欧洲好很多，不用与自然界进行强烈的斗争就可以生存得很好，这就造成了我们与他们不一样的体质特征。

而在东南亚，当地人的身材会比较矮小，皮肤黝黑。他们的身材变得矮小是为了适应东南亚数量巨大的丛林环境——热带雨林。让自己的身材缩小可以更好地生活，并且可以减少食物摄入量——一个身高 1.5 米的人和一个身高 1.9 米的人的热量摄入需求不一样。这样，他们就可以以最小的代价完成遗传、繁殖的演化。人类在努力适应各自的环境，包括自然环境、生存环境。人类文明所带来的各种各样的变更，都是与环境发生作用造成的。

《人类起源的故事》

- 古人类 DNA 领域的世界级领跑者、古 DNA 革命领头人、哈佛医学院遗传学系教授大卫·赖克（David Reich），花费 3 年心血打造重磅新作，古人类 DNA 领域的奠基之作！

- 《三体》作者刘慈欣，贾雷德·戴蒙德（Jared Diamond）、悉达多·穆克吉（Siddhartha Mukherjee）等著名科普作家，杨焕明、付巧妹、王传超等知名科学家联袂推荐！

真正的学习高手为什么从不刻意练习？

LIFELONG LEARNING

CH
MIND

EERS
THON

为什么有的人学得快而好，
有的人学得慢而差，
有的人甚至根本学不会？

李武

北京师范大学教授
认知神经科学与学习国家重点实验室主任

学习与个体的生存发展和社会的繁荣进步息息相关。我们的大脑是如何学习的？这是一个富有挑战性的前沿科学问题，也是每个人生活中所关心的话题。

什么样的学习方式最有效？如何才能使学习的效果举一反三、发生迁移？学习困难和障碍的成因是什么？如何干预学习困难，提升学习效率？阐明这些问题不仅有助于我们深入理解大脑这一高度智能化的复杂系统，而且对于提高中国亿万青少年儿童的学习效率、实现教育科学化、满足中国建设学习型社会和人力资源强国的需求至关重要。

人脑复杂的学习行为

学习行为是指个体在与环境的相互作用过程中，脑的结构和功能不断发展和变化，以使得个体能够更好地适应环境。基于动物模型的神经生物学研究使我们对学习记忆的细胞和分子机制有了较为深入的了解，然而单纯基于还原论的、在微观层面的探索无法解释人脑复杂的学习行为，比如语言学习和数学学习。虽然传统心理学的研究揭示了人类学习和记忆的丰富行为规律，但这些规律所对应的脑机制还很不清楚。借助于现代无损伤的脑成像技术，新兴的认知神经科学第一次将人类的心理行为研究与脑的结构和功能研究真正结合起来，为理解人脑的学习提供了多学科交叉融合的手段和视角。

认知神经科学之父迈克尔·加扎尼加（Michael S. Gazzaniga）[1]是美国著名的心理学家和脑科学家，他率先推动了心理认知科学与神经科学的融合。认知神经科学不同于传统神经生物学侧重于研究大脑的物质属性，也不同于传统心理学侧重于探讨人的精神属性，它将人脑的物质和精神密切结合，旨在通过多学科交叉的手段来揭示人类复杂的认知和心理活动背后的奥秘（见图 6-1）。目前，无损的人脑成像技术包括功能核磁共振成像（fMRI）、脑磁图（MEG）、正电子成像（PET）、脑电图（EEG）、功能近红外脑成像（fNIRS）等。借助这些手段，科学家们能够直接窥探在工作状态中的大脑，使得我们有望在理解人脑工作原理的基础上来开发大脑的潜能、促进脑健康、模拟人类的智能。认知神经科学的发展将影响到人民生活、社会发展、国家安全等方方面面。

1　加扎尼加的自传《双脑记》讲述了他充满激情的科研人生，以及一段历时半个世纪的探索之旅。本书中文简体字版已由湛庐文化引进，北京联合出版公司 2016 年出版。——编者注

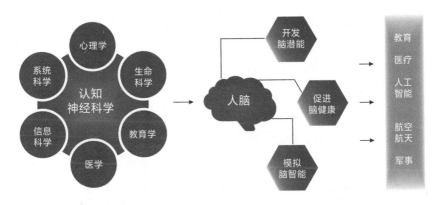

图 6-1　认知神经科学研究及其应用

为什么有的人学得快而好，有的人学得慢而差？

学习的效果最终以长时程记忆存储在大脑中。学习和记忆有各种各样的形式，大体上可以划分为两大类型：

- 陈述性学习记忆和非陈述性学习记忆。陈述性学习记忆包括数学学习、语言学习以及记住去过的地方和结识的人等。这一类记忆的编码依赖于大脑的记忆系统（内侧颞叶）。

- 非陈述性学习记忆包括很多感知觉学习和运动技能学习，比如钢琴调音师学会区分细微的音调变化，影像科医生学会识别X光片中细微的组织病变，花样滑冰运动员学会高难度的动作等。这些类似熟能生巧的学习和记忆分别涉及大脑相关的功能区域，比如听觉皮层、视觉皮层、运动皮层等。

我们一生当中都在学习，个体的生存和发展离不开不断地获取新的知识和技能，正所谓学无止境。那么，为什么有的人学得快而好，有的人学得慢而差，有的人甚至根本学不会？这就涉及学习的规律以及有效学习的脑机制问题。

教与学都需要掌握大脑学习的规律。举一个西方国家近代教育史上的例子，100 多年前，西方盛行"形式训练学说"（Doctrine of Formal Discipline），认为人的大脑就像肌肉，强化训练某一个非常难的科目，比如拉丁文，会使得个体的各种认知能力都变得强大，也就是说强化训练的效果会发生迁移。基于此理论，非常难的拉丁文成了当时基础教育的必修科目。美国著名心理学家爱德华·李·桑代克（Edward Lee Thorndike）通过大量的实证研究质疑了形式训练学说，并提出了"共同要素理论"（Theory of Identical Elements），认为学习的效果只有在共享相似要素的学习任务之间才能迁移，无论是高级的认知学习还是简单的知觉学习都具有很强的特异性（见图 6-2）。

教与学都需要掌握大脑学习的规律。

现实生活中有很多学习特异性和迁移性的例子，比如会游泳不一定会骑自行车，会骑自行车不一定会溜冰；而学会溜旱冰之后，在冰面上学习滑冰就会变得容易。

桑代克基于实验心理学的研究和理论推动了西方教育的变革。然而，历史往往会重演，西方 100 多年前盛行过让孩子去学拉丁文，而如今我们盛行让孩子上儿童奥数班和各种特长班。

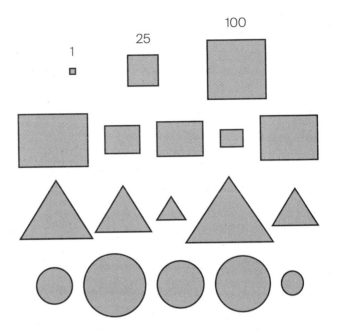

图 6-2　知觉学习的特异性

桑代克的一个简单实验：第 1 行不同大小的正方形标出了它们各自的面积。以此为参照，训练被试判断面积在此范围内的任意大小矩形的面积（第 2 行示例），每次判断后给出误差值。强化训练可以大大提高被试准确判断矩形面积的能力，即产生了知觉学习。之后，让被试去判断其他几何图形的面积（第 3、4 行示例），发现之前的学习效果不能迁移，被试需要重新学习才能提高对新的几何形状面积的判断能力。改编自 Thorndike & Woodworth, *Psychological Review*, 8, 247-261（1901）。

有效学习的脑机制

100 多年前，德国心理学家赫尔曼·艾宾浩斯（Hermann Ebbinghaus）发现了有效学习记忆的最基本规律——练习效应，即重复学习能够增强记忆并抵抗遗忘。近年来，研究者揭示了影响学习效果的很多因素，并开始探究其内在的脑机制。例如，与集中学习相比，有间隔的分散学习可以提高记忆编码脑区的活动水平，从而提高学习的保持效果。此外，提取练习（即主动回忆学习过的内容）比简单重复学习更能有效增强记忆，其可能的机制在于，记忆提取练习过程中会重新并更有效地激活最初编码这些记忆内容的脑区。

近些年来，国内学者基于 fMRI 和 EEG 的研究发现，在陈述性学习记忆过程中，学习是否能够产生好的记忆效果取决于同一学习材料在多次记忆时，是否在相关脑区引发了相似的神经活动模式（即取决于大脑在重复学习过程中的激活模式一致性的程度）。不同次重复学习之间的大脑激活模式相似性越高，则记忆的效果越好。研究者还揭示了这种与有效学习密切相关的大脑激活模式一致性产生的机制，发现外侧前额叶是核心调控脑区。使用经颅直流电刺激（tDCS）的手段对外侧前额叶进行无损干预能够提高大脑激活模式的一致性，同时提高记忆成绩。这些研究不仅揭示了有效学习的脑活动规律和调控机制，同时还给出了对学习效果进行干预的潜在手段。

大脑的特定区域分别负责语言和数学的学习和加工。在语言学习方面，额下回、颞顶联合区和梭状回构成了语言的核心加工网络。梭状回在字形和形音联系学习中具有重要作用，该脑区结构和功能的个体差异能够预测个体语言学习的能力。在双语学习中，左侧尾状核在语言切换控制中发挥着关键作用，其激活程度可以预测第二语言学习的成绩；双语学习和双语经验可以改变尾状核的灰质体积。在数学学习方面，近几年的研究发现左侧角回与计算，特别是复杂乘法学习有关，左侧顶叶、前额叶和双侧缘上回则参与了代数的学习。针对汉语人群数学学习的特殊性，国内学者提出并验证了"基于双重表征（即语言和数量表征）的算术脑"假设。通过无损的脑活动干预技术，研究者发现，在负责语言和数学的特定脑区施加微弱的电刺激，可以有效改善这些脑区的功能，从而促进语言和数学的学习。

除了高级的认知学习之外，特定的神经激活模式与简单的知觉学习也密切相关。比如说，没经过训练的人很难在杂乱的干扰背景中检测到隐藏的特定目标；反复训练之后就会产生知觉学习现象，检测正确率和检测速度都会大大提高。为了从神经元层面上揭示有效学习的机制，国内研究者采用植入式微电极阵列，在训练猕猴执行视觉轮廓检测任务的过程中，持续跟踪记录了大量初级视皮层神经元的活动（见图6-3）。研究发现，神经元集群对隐藏的视觉轮廓目标产生了特定的激活模式：与任务相关的轮廓信息随着训练逐渐增加，与任务无关的背景干扰信号则被逐渐滤除。利用机器学习算法解码群体神经元反应的结果与猕猴的学习进步率高度吻合，表明训练过程中初级视觉皮层细胞激活模式的变化忠实地反映了知觉学习的效果。进一步的研究提示，初级视觉皮层神经元反应模式的这些变化与高级脑区的反馈调控密切相关，特别是源自前额叶的认知调控信号在学习中发挥着重要的作用。

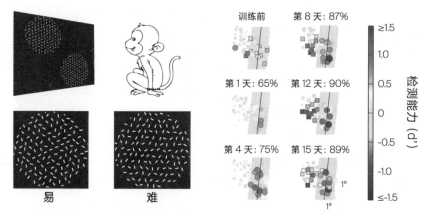

图 6-3　视知觉学习提高初级视皮层神经元群体的编码能力

左图：实验和刺激示意图。右图：每个圆圈或方块代表一个视皮层神经元；不同训练日对应的百分数是猕猴在二选一迫选任务中检测到隐藏目标（左图"难"中隐藏的轮廓线）的行为正确率（50% 为随机猜测的概率）。灰色区域显示隐藏在杂乱背景中的视觉目标所在的位置，周边区域为背景干扰图形所在的区域。图中可见，随着训练的进行，视觉目标附近的神经元反应逐渐加强，而干扰背景图形上的神经元被逐渐抑制。改编自 Yan et al., *Nature Neuroscience* 17, 1380-1387（2014）。

　　越来越多的证据表明，简单的知觉学习（非陈述性学习）与高级的认知学习（陈述性学习）可能共享某些底层机制。举个例子，有相当比例（5% ~ 7%）的儿童患有阅读障碍。国内研究者发现，汉语阅读障碍儿童经过类似上述的视觉检测任务训练后，其阅读能力显著提高。这表明要提升学习能力、改善学习困难的情况不能简单依靠"头痛医头，脚痛医脚"的方法，而是需要对症下药，找到本质上的规律和机制进行干预。

要提升学习能力、改善学习困难的情况不能简单依靠"头痛医头，脚痛医脚"的方法，而是需要对症下药，找到本质上的规律和机制进行干预。

有效教学的脑机制

前面介绍了有效学习的规律和机制。有效的教学方式能够极大地提高学生的学习效率。古人所说的循循善诱、因材施教都隐含着有效教学的道理。苏联著名心理学家维果茨基（Lev Vygotsky）提出过有效教学的"最近发展区"假设：教学过程中，教师需要不断预测学生的知识水平，并据此调整教学内容的难度和目标，从而有助于学生更好地获取知识。教学内容和目标不能太难，也不能太简单，二者都会导致学生失去学习的兴趣。

最近，国内有学者采用功能近红外脑成像技术，在教学过程中通过同步记录教师和学生大脑的活动信号（见图 6-4），揭示了上述有效教学的脑机制。

教育学曾经隶属于人文社会科学，随着认知神经科学的发展，基于脑认知原理的神经教育学将会给教与学带来巨大的变革。

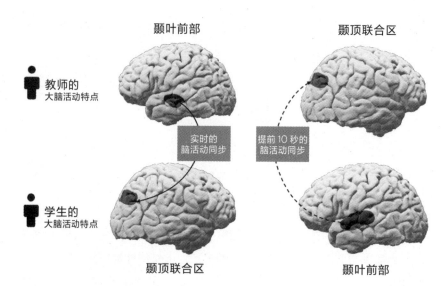

图 6-4　有效教学的脑机制

教师以一对一的方式向学生讲授数字推理知识，时长为 20 分钟。学生在教学前后分别完成相关的知识测验。研究者分析了在教学过程中，教师和学生的脑活动随时间共同变化的关系，即大脑间活动同步的程度。结果发现，教师的脑活动与大约 10 秒后学生的脑活动有显著的脑间同步，并且该同步出现在教师的颞顶联合区和学生的颞叶前部（以往的研究表明，颞顶联合区负责人际互动时预测对方的心理状态；颞叶前部负责概念知识的加工和表征）。教师－学生的脑间同步越强，教学效果就越好。而且上述脑间同步在教学过程进行到大约一分半钟时，就已经能够很好地预测最终的教学效果；而与知识的实时传递有关的脑间同步（即教师－学生在同一时刻的脑活动同步）在教学进行过半后才能够显著预测最终的教学效果。这些发现表明，通过脑间同步介导的预测发生在知识传递之前，并对教学效果有显著的促进作用。改编自 Zheng et al., *Human Brain Mapping* 39, 3046-3057（2018）这一论文。

记忆植入，激活自动学习模式

随着科学技术的不断发展，我们不仅能够实时探测有效学习的神经活动模式，还可以通过无损的方法来干预神经活动和促进有效学习。前文中提到，给予前额叶微弱的直流电刺激可以增强重复学习过程中大脑激活模式的一致性，从而提升学习记忆的效果。除了这种干预方法之外，其他无损的干预技术还包括经颅磁刺激（TMS）和超声刺激等物理方法。目前这些技术虽然在精准性和特异性方面还不够理想，但是已经有了越来越多的应用。

如果知道了针对某一任务的有效学习对应着什么样的大脑活动模式，我们自然会问：是不是用某种手段将相关脑区反复激活到类似的模式就会产生学习的效果？这种类似于科幻小说中描述的记忆植入已经有所报道。以知觉学习为例，某一视觉感知能力的增强往往需要经过长时间的强化训练。然而有研究发现，利用神经反馈技术，通过引导被试冥想来使视觉皮层的活动模式不断接近主动学习过程中的模式，也会产生知觉学习的效果，并显著提升感知分辨能力。

神经反馈技术与脑机接口技术具有相似的原理，二者都涉及用意念来改变和操控大脑的活动模式以及实时解码大脑的神经活动。虽然二者都存在有待突破的瓶颈（例如目前无损成像技术的时间或空间分辨率较低），但是这类技术具有巨大的转化应用价值。

基因和环境，重塑学习能力的两大关键

大脑终身具有可塑性，在基因和环境的共同作用下发生着变化。基因的调控在儿童早期发育过程中非常重要，比如，不同脑功能关键期的开启和关闭会受基因的调控。在关键期内，大脑具有非常强的可塑性，极易受到环境因素的影响。民间有"三岁看大、七岁看老"的说法，这

在一定程度上反映了儿童早期心理发展的规律和重要性。就语言学习来说，如果长期置身于某一种语言环境当中，儿童学习该语言比成人要轻松容易得多。环境因素对儿童心理和认知发展的影响以及对大脑结构和功能的影响之间必定存在着内在联系。有研究表明，家庭收入和父母的受教育水平与子女的大脑皮层面积相关。这些例子说明早期教育非常关键，要充分利用大脑可塑性最强的儿童时期，营造对身心健康、对认知发展有利的积极教育环境。这就需要深入揭示，在基因和环境的共同作用下，脑发育与认知发展的关系。

2017 年 9 月，北京师范大学联合 20 余家从事人脑研究、脑疾病治疗、人工智能研究的高校和科研机构，共同成立了"中国儿童青少年脑智研究全国联盟"。该联盟将针对我国儿童青少年，在揭示脑智发育规律、开发脑智潜能、防治认知障碍等方面协同攻关，建立适合中国儿童青少年的脑智综合评估系统，研发脑智发育提升方法和方案，搭建脑智评估与提升智能化一体化平台，旨在推动我国基础教育以及儿童医疗和健康等相关领域的发展，提升人口的综合素质。

脑科学与人工智能相互启发，
走向模拟人类智能

　　随着脑科学和人工智能的快速发展，二者之间的交叉融合越来越受到重视。以视觉图像识别为例，高等灵长类动物（包括人）接收到的外部信息中，绝大部分来自视觉输入，这依赖于高度发达的视觉系统。猕猴大脑中与视觉加工密切相关的区域有 30 多个，占据了约 50% 的皮层总面积。这些区域按照不同等级构建成错综复杂的多层级信息加工网络。目前，功能强大的人工深度学习网络在一定程度上类似于大脑的这种多层级网络：最底层加工简单的局部图像信息，层级越高，加工的信息越复杂，最终完成物体的识别和表征。然而，大脑的图像识别并非简单地依赖于这种由"硬件"自动完成的、对外部输入信息自下而上的拼装过程。即使在图像输入不变的情况下，一些认知调控因素（比如注意、具体的任务、主观预期、记忆）和情绪因素等非感觉因素也可以自上而下地影响我们的视觉感知。此外，不同脑区之间存在着错综复杂的前馈和反馈双向连接。这种超级复杂的功能构筑使得我们的视觉系统更加智能化。

　　脑科学和人工智能研究之间可以相互启发。曾有研究者将深度学习网络用于神经生物学研究，把它作为一个工具来探测视觉皮层细胞喜欢加工什么样的信息，甚至能操控神经元的活动，让某些神经元兴奋而抑制其他神经元，这就类似于前面提到的人为调控一个脑区的激活状态。

　　脑科学和人工智能的交叉融合为探究人脑的奥秘、开发人脑的潜能、模拟人类的智能带来了新的曙光。

《学习的升级》

- 苹果公司教育副总裁、首任教育掌门人约翰·库奇（John Couch）全新力作，"技术解锁教育"开山之作。

- 重新定义人工智能时代的学习，开启一场新的学习革命。

- 新东方教育集团董事长俞敏洪、松鼠 AI 创始人栗浩洋、樊登读书会创始人樊登联袂推荐！

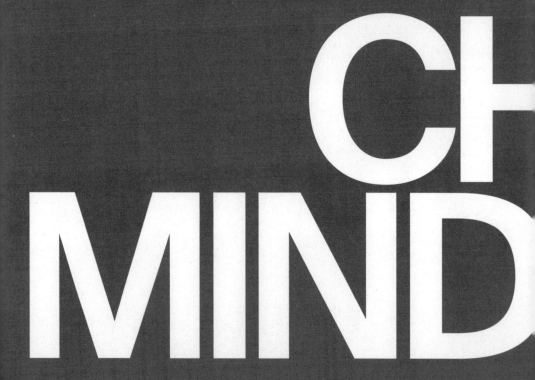

07

不懂经济学的人压根做不出理性决策？

CH

MIND

EERS
THON

经济学是一门认知与决策的行为科学。

李井奎

浙江财经大学经济学系教授、博士生导师

1956 年，英国学者查尔斯·珀西·斯诺（Charles Percy Snow）曾做过一个名为《两种文化》（The Two Cultures）的著名演讲，后来还整理出版了一本同名的著作。斯诺说，科技和人文正在被割裂成两种文化，科技和人文知识分子正在分化为两个言语不通、社会关怀和价值判断迥异的群体：人文社科的学者和科学学者没法坐在一块儿吃饭，一个研究但丁的学者和一个物理学家坐在一起，完全没有办法交流。科技与人文的割裂就是所谓的"斯诺命题"。当今世界，两种文化的割裂更趋严重，这对于社会和个人的进步与发展是不利的。

经济学这个学科很有意思，既有其科学的一面，也有其人文的一面。因此，经济学家也会有些尴尬。一方面，我们很像科学家，或者说，我们很希望自己像科学家，这个学科 100 多年来，甚至从奠基人亚当·斯密开始，就一直把物理学奉为追赶的对象。

亚当·斯密一生最尊崇的人就是牛顿，从经济学诞生起就给这个学科打上了深深的科学情结的烙印；另一方面，我们试图建立的理性选择理论基石，又常常陷入种种悖论的反噬之中不可自拔，作为科学体系，显得溃不成军。

经济学是一门认知与决策的行为科学

我是经济学出身，研究领域比较宽，主要利用行为经济学范式和微观计量经济学的方法研究法律和社会经济学的问题，同时，出于个人兴趣，我对经济思想史很感兴趣，并且在宏观经济学创始人约翰·梅纳德·凯恩斯（John Maynard Keynes）身上下过一番功夫，算是凯恩斯研究领域的一名专业人士。所以，基于对经济学多个领域的学习和研究，以及对经济思想史的不断涉猎，我对经济学有了一个新的定义，即经济学是研究人类认知与决策行为的一门社会科学。

当前的主流经济学是所谓的新古典经济学。新古典经济学提供了一套理路分明、内在一致的理论，对人类行为给出了严格、自洽且可证伪的模型。再辅之以假设，使这套理论极富灵活性，足以分析众多的经济现象，其定性预测也常与我们对许多经济现象的直觉相一致。

例如，在适当的假设下，价格升高，消费者就购买得更少，收入升高，消费者就购买得更多；当被侦破和惩罚的概率升高时，那些从社会的角度来看有害的活动一般会呈下降趋势；在很多情况下，税率的变化以及货币的贬值对经济活动将会产生预期的影响；禁止某些活动，常常会使这些活动走向地下。在实际操作当中，新古典框架包括但又不严格限于：一致偏好、主观期望效用、更新概率的贝叶斯法则、自利偏好、无情感的思虑过程、指数折现、不受限制的认知能力、不受限制的关注力、不受限制的意志力以及偏好独立于框架和情境。新古典经济学一般还由基于求解方法和均衡方法的最优化奠定根基。

20 世纪，经济学界的一些最杰出的头脑致力于新古典经济学的智识发展，取得的成果实在令人印象深刻。但在预测和解释人类行为方面，他们所取得的经验上的成功就要打些折扣了。事实上，基于过去几十年的工作，实验的、神经经济学的和实地的证据不断累积，蔚然成风，已经到了不容忽视的地步。这些证据对新古典模型的核心假设和预测提出了严重关切。利用得自心理学、生物学、人类学、社会学和其他社会科学的洞识，这种关切还带来了令人印象深刻的理论发展，这些发展如今被称为行为经济学。相对于新古典模型，这些模型取得了经验上更大的成功。

同时，从经济思想史的宏大视野来看，我认为经济学需要解释三个最为重要的问题，而且这三个问题是经济学的永恒之问，它们是自经济学产生之时就一直被追问的大问题，但是现在的主流经济学都还不能很好地予以回答，或者几乎还不能回答。

第一个问题是：商业社会是如何兴起的？

在 1800 年以前，全世界几乎所有的社会都处于生活资料极端匮乏的状态。安格斯·麦迪森（Angus Maddison）的著作《世界经济千年史》（*The World Economy: A Millennial Perspective*）中对历年来世界经济增长的统计研究表明，从公元元年到公元 1800 年间，人类社会的经济几乎没有什么增长。也就是说，人类长期处于"马尔萨斯陷阱"当中。

所谓的马尔萨斯陷阱，就是指人口按照几何级数增长，而生存资料仅仅按照算术级数增长，多增加的人口总是要以某种方式被消灭掉，人口不能超出相应的农业发展水平。一旦超出相应的农业发展水平，就会有一定数量的人生活在死亡线以下，只能以某种方式把他们消灭掉。这是一种极为悲惨的人类处境。所以，经济学被那个时代伟大的知识分子托马斯·卡莱尔（Thomas Carlyle）送了一个绰号：一门令人感到忧郁或者沉闷的科学（dismal science）。

但是到了 1800 年以后，人类社会突然发生了一场飞跃，工业革命以及随之而来的史无前例的经济增长发生在 18 世纪晚期的英国，然后在 19 世纪开始向欧洲和美洲扩散，20 世纪又开始向亚洲等其他大洲推进。以市场经济为基础的商业社会突然兴起，令人猝不及防。

为什么工业革命突然在英国产生？为什么商业社会兴起于西方？这是经济学中的大问题。然而，用耶鲁大学经济史名家乔尔·莫基尔（Joel Mokyr）的话说，对于这场革命的细节，经济史学家做了大量的研究，他们几乎对这场革命发生之前和之后的数百年都做了详尽的研究，但上述两个问题至今没有答案。现在，以乔尔·莫基尔、迪尔德丽·N. 麦克洛斯基（Deirdre N. McCloskey）和格里高利·克拉克（Gregory Clark）为首的一批经济史学家开始用人类认知的跃迁来解释这一宏伟的历史巨变发生的原因。是否能够令人信服，我们拭目以待，但这足以说明认知框架可以提供更为广阔的理解可能性。

第二个问题是：市场的动力到底在哪里？我们的经济为什么会不断增长？

200年来，经济最发达的国家几乎保持着1.8%的增长率不断向前发展。为什么是这样一个增长率？为什么不是更高或更低的数字？这背后的原动力到底在哪里？

20世纪50年代，经济学家罗伯特·索洛（Robert M. Solow）提出了第一代经济增长模型，认为最重要的因素是物质资本和人力资本的积累。当人口增长率恒定时，物质资本的积累就成了决定经济增长速度的关键，储蓄率和投资率高的国家经济增长率一定更高。但第一代模型假设各国的劳动生产率都是外部生产要素给定的。而保罗·罗默（Paul M. Romer）和罗伯特·卢卡斯（Robert E. Lucas, Jr.）的第二代经济增长模型把技术，也即劳动生产率变成了内部生产要素，认为技术是导致经济持续增长的主要原因。经济学家达龙·阿西莫格鲁（Daron Acemoglu）等人所做的著名的殖民地经济增长研究，将白人在殖民地的死亡率作为工具变量，证实了制度对经济增长的影响。过去半个多世纪里，虽然这个领域取得了很大进步，但对于市场的最终动力所在，学界依然难以达成共识。

第三个问题是：经济为什么会波动？

这个问题是宏观经济学的一个核心问题，也是经济周期的问题，但对它进行研究的不只有宏观经济学的创始人凯恩斯，马克思也是这个领域的开创者。马克思不仅颠覆性地率先开始了对经济波动问题及资本主义经济危机的研究，还深入探讨了市场动力机制，对前文提到的第二个问题也有深刻的洞察。

从 19 世纪开始，关于经济波动的成因，分别有货币周期说、投资过度说、创新周期说等观点，不一而足。世界银行首席经济学家、著名宏观经济学家奥利弗·布兰查德（Olivier Blanchard）在 2008 年 8 月宣称"宏观经济学状态甚佳"，而且"有关经济波动和方法论的观点基本达成共识的局面已经出现"，随后金融危机就如同海啸一般来临——现在想想还觉得很有讽刺意味。而按照凯恩斯的看法，离开对人类行为的理解，宏观经济学是无可索解的，经济波动更是如此。

总而言之，我认为这三个问题都离不开对人类认知框架的根本思考，就像著名经济史学家唐纳德·麦克洛斯基（Donald McCloskey）对经济史的重新解释：过去人们认为的西方世界兴起的原因，也许都不是原因，而是这场革命的结果。比如，诺贝尔经济学奖得主道格拉斯·诺斯（Douglass C. North）曾说，产权保护促成了西方世界的兴起。然而，如果产权保护是西方世界之果，真正的原因或许如麦克洛斯基的断言：西方经历了文艺复兴之后，人们改变了对自己的看法，改变了对世界的看法。离开对人类认知框架变化的理解，离开人类决策背后的心理因素，上述三个大问题恐怕都不容易有令人信服的解答。

不过，我们还是把思路拉回来，回到新古典经济学的理性选择范式及其所面对的问题上来，具体认识一下行为经济学的智性推进。

理性选择范式的窘境

经济学的历史并不算太长，最早可以追溯到 1776 年亚当·斯密出版的巨著《国富论》。亚当·斯密的这部名著被广泛征引，其实他还有另外一部著作，名叫《道德情操论》，听说过这本书的人要少得多。《道德情操论》读起来就像是为现代行为经济学设定的一份研究议程；它认识到了很多行为现象，比如损失厌恶、利他主义、情绪、意志力以及计划者－行为者框架（planner-doer framework）。就思想史来看，杰里米·边沁（Jeremy Bentham）这样的古典经济学家曾为效用写下了其心理学基础，弗朗西斯·埃奇沃斯（Francis Edgeworth）下笔为社会偏好写作；甚至我们可以把实验经济学的肇始追溯到大卫·休谟（David Hume）、斯坦利·杰文斯（Stanley Jevons）和弗朗西斯·埃奇沃斯这样的古典经济学家那里；杰文斯的边际效用分析是从有关刺激和感觉之间关系的实验观察结果导出其诱因的。

在把心理学从经济学中逐渐剥离出来的过程中，有两个因素起到了作用。第一，在 20 世纪到来之际，有一种思潮对那个时代的心理学以及边沁式效用的享乐主义假设比较反感。第二，20 世纪的经济学大师之一、最后一个经济学通才保罗·萨缪尔森（Paul A. Samuelson）倡导的显示偏好理论大行其道，它强调选择行为（choice behavior）的观察结果而不是其心理基础，如今这成了理性选择理论的基石。神经经济学家保罗·格莱姆齐（Paul Glimcher）曾写道："显示偏好的观点对偏好心理性质的抑制作用无论如何强调都不为过，因为灵巧的公理化体系可以用来从选择中推断不可观察的偏好的性质。"

从理性选择理论到行为经济理论的转变，有一个重要的催化剂，那就是心理学中行为主义学派的衰落以及认知心理学的出现。认知心理学强调心智过程在牵涉决策制定、感知、注意力、记忆和问题解决方面任务的理解上所发挥的作用。一些认知心理学家自然地将他们的注意力转到检验新古典框架里的模型上来。

在这个领域，有两位最重要的认知心理学家：丹尼尔·卡尼曼（Daniel Kahneman）和阿莫斯·特沃斯基（Amos Tversky）。他们在20世纪70年代的工作为现代行为经济学发展提供了最初的动力。他们与理查德·塞勒（Richard Thaler）一起，是最早的一批现代行为经济学家，也都是诺贝尔奖级的学者。事实上，卡尼曼和塞勒先后荣膺诺贝尔经济学奖，特沃斯基如果不是英年早逝，也极可能在获奖之列。20世纪70年代中期以来，他们一直在努力理解新古典经济学中的若干异象。

新古典经济学的这些异象一直让理性选择理论备受争议，甚至使经济学的这个主流框架遭到了来自方法论上的质疑。哈佛大学经济学教授、圣塔菲学派的代表人物之一赫伯特·金迪斯（Herbert Gintis）有一段著名的文字，很能体现这一点："经济理论因其忽略了有关人类行为方面的事实而备感无力……我曾偶然读了一本流行的导论性质的量子力学方面的研究生教材，同时也读了一本微观经济学的重要研究生教材。物理学教材从黑体辐射的异象开始……页复一页，不断出现新的异象……以及在解释这些异象方面的新的、取得部分成功的模型。大约在1925 年，这个理论在海森堡的波动说和薛定谔方程中达到了顶点，一统该领域。与之相对照，微观经济学教材尽管体系优美，但在厚达千页的教科书中未尝包含哪怕一个事实。作者们以公理化的风格建立经济理论，根据其直觉上的合理性做出假设，把日常生活的'特征性事实'纳入进来，或者诉诸理性思考原理……我们将看到，在经典博弈论和新古典经济学中，经验证据对其中一些核心假设构成了挑战。"

各种各样的经济学异象

20 世纪 50 年代起，针对理性选择范式，经济学实验中开始出现各种各样的异象，我们在这里介绍其中三个最著名的例子。

1953 年，在一次国际学术研讨会上，法国经济学家莫里斯·阿莱（Maurice Allais）提出了这样一个思想实验：假设有一位决策者，他的面前有两个选择。第一个选择是面对两张这样的彩票：彩票 A 有100% 的概率可以获得 3 000 元奖金，彩票 B 有 80% 的概率可以获得 4 000 元奖金，但有 20% 的概率一无所获；第二个选择是这样的：彩票 C 有 25% 的概率获得 3 000 元奖金，75% 的概率一无所获；彩票 D 有 20% 的概率获得 4 000 元奖金，80% 的概率一无所获。实验对象是在场的来自世界各地的经济学家，他们和普通人一样，在第一个选择中选择了彩票 A，在第二个选择中选择了彩票 D。但这是有问题的，设想一下，如果一无所获带给你的效用是 0，收入 3 000 元的效

用是 x，收入 4 000 元的效用是 y，你会发现：在第一个选择中，彩票 A 的总效用是 x，即概率 1 乘以 x，概率 0 乘以 0；彩票 B 的总效用是 $0.8y$，如果你选择了彩票 A，那就意味着 $x>0.8y$。但在第二个选择中，同理可以得出：$0.25x<0.2y$，两边乘以 4，就有 $x<0.8y$。这显然是相互矛盾的。这就是阿莱悖论。这个悖论表明，人们对于较低的概率事件容易高估其概率，对于较高的概率事件却容易低估其概率。有趣的是，与会的经济学家和统计学家的选择基本上都出现了这样的矛盾，说明这个悖论的出现不是对这个问题理解不够清楚或不了解理性选择范式所致。

丹尼尔·卡尼曼和阿莫斯·特沃斯基对理性选择理论有多种批评，也提供了替代性的理论结构。其中一个著名的批评就是所谓的"框架效应"。这个实验表明，选择项呈现的框架会影响到决策者的选择。这个实验要求实验对象想象下面这个选择问题：有一场疾病将侵袭全国，会造成 600 人死亡。然后，实验人员给其中一部分实验对象呈现的解决方案是：现在有两种治疗方案，第一种方案会使 400 人死亡，第二种方案有 1/3 的概率无人会死，2/3 的概率 600 人都会死掉。给另外一部分实验对象呈现的是：第一种方案会使 200 人获救，第二种方案有 1/3 的概率 600 人都会获救，2/3 的概率无人获救。实验结果是，在前一部分实验对象那里，78% 的人选择了第二种治疗方案，而在后一部分实验对象那里，只有 28% 的人选择了第二种治疗方案。但事实上，这两种方案所造成的结果是无差别的。

还有一个实验也很经典，那就是 1964 年的埃尔斯伯格悖论（Ellsberg Paradox），该悖论说明了实验室实验中存在的模糊性现象。所谓模糊性现象，就是说决策者对于事件的发生与否没有先验的概率分布可以赋予，如果是有概率分布可以赋予的，即具有风险，没有概率分布可以赋予的，即具有模糊性。实验是这样的，假设有一只瓮是所谓的已知瓮，其中含有 50 个红球和 50 个黑球。而另一只瓮是所谓的未知瓮，其中含有红黑两种球，确切的数目不明。人们一开始可能会借助于不充分推理原则（principle of insufficient reason）认为，从未知瓮中取到一个红球和一个黑球的先验概率分别为 50%。

事实上，当要求人们对这两个瓮单独下注时，实验结果表明，他们认为从任何一只瓮中取出一个红球或一个黑球的概率是相同的。在这种意义上，他们对每一只瓮都有合理的主观信念。然而，人们却不愿意用他们对已知瓮中不同颜色的球下的赌注去交换他们对未知瓮中的球下的赌注。在这种意义上，两只瓮上的主观信念又是不合理的。或者说，如果在实验开始之前问实验对象：你会选择哪一只瓮来下注？实验对象大多认为这两只瓮没有什么根本差别，也就是说，他们认为从任何一只瓮中取出红球和黑球的概率相同。但如果你告诉他，抽中红球可以得到奖金，抽中黑球则一无所获，实验对象大多会选择具有明确概率的那只瓮。这就是埃尔斯伯格悖论，这个悖论告诉我们，人类在决策的时候有着明显的模糊性厌恶的倾向。

人类在决策的时候，有着明显的模糊性厌恶的倾向。

除了这些悖论性质的实验，还有大量的其他实验证据对新古典经济学的假设造成了冲击，其中就包括对经济学自利假设的批评。新古典经济学只强调自利，缺乏对其他品性的任何考量，这一点与现有实验证据大相违背。赫伯特·金迪斯抓住了这个问题的核心，他说："利己的行为人（self-regarding agent）一般的说法叫作反社会的人（sociopaths）……从行为博弈论中，我们可以得出这样的结论，即我们必须把各个人的目标视为事实（fact）而非逻辑（logic）。"实验证据表明，人们会表现出利他主义（altruism）和嫉妒（envy），具有合作的内在倾向，但又表现出条件性互惠（conditional reciprocity，以德报德，以怨报怨），会判断他人的意图是否为善意，也会出于个人的原因而对人类诸如"承诺"之类的品性比较看重。虽然有关人类社会性（human sociality）的证据非常多，但是对这些形式的利他行为的接受比例在主流经济学家中相对还是较低。

再比如，非合作博弈论代表着经济理论中最主要的进展之一。它使经济学家可以对策略性情境做出非常准确而又可检验的预测。在经济学的职业文化圈子里，人们广泛接受并使用的主要概念就是纳什均衡（Nash equilibrium）。在纳什均衡及其扩展中，参与人针对他们的信念做出最优反应，参与人的信念和行动是相互一致的。而且，只要可能，贝叶斯法则就会被用来更新信念。但是，人们是否会采用纳什均衡策略是一个经验问题。在许多博弈中，实验证据并不与纳什均衡相一致，尤其是一个模型早几轮的实验证据。在其他博弈中，结果并不收敛到纳什均衡上去，即便实验重复了很多轮也是如此。甚至在仅涉及 2～3 步的重复剔除劣策略的相对简单的博弈中，结果通常也不是纳什均衡。

所有这些都表明，新古典经济学必须要直面这些实验证据所给出的结果与其理论预测的不一致，对这些悖论或异象给出新的理论分析框架。

热手谬误是人类决策中存在的过度自信

现在，我想给大家介绍一下认知与决策科学在这几十年中的进展，其中的主要代表是由卡尼曼和特沃斯基开创的研究领域。从前文的内容中你已经可以看到，认知科学是如何在与经济学不断地相互融合的。遗憾的是，现代主流经济学对于这些进展的承认和吸纳依然相当落后，某种角度来看，这是不可思议的。

丹尼尔·卡尼曼和阿莫斯·特沃斯基写于 20 世纪 70 年代的两篇论文可以被看作现代行为经济学的发轫之作。我们的叙述就从这两篇论文开创的研究领域说起。在 1974 年的那篇论文中，他们提出了一种应用到经济学中决策制定的极端的、非最优化方法，即人们使用启发式或简单的拇指规则进行决策。新古典方法把经济行为人看作一个贝叶斯式的、主观期望效用最大化决策者，他有着无限的认知能力，遵循着古典统计学规则。卡尼曼和特沃斯基提出了启发式和偏差研究纲领（heuristic and biases program）。启发式是指个人实际使用的任何拇指法则，不同于规范性的推荐法则。启发式是快速（fast，在所需的计算时间这个意义上而言）而简约（frugal，在所需的信息这个意义上而言）的。在该程式中，偏差（biases）这个术语指的是实际人类行为和新古典理论预测之间的差别。卡尼曼和特沃斯基识别出了一系列的判断启发式，均由许多证据予以支持。启发式和偏差研究纲领是所有社会科学中最重要的进展之一。但大部分经济学家都忽略了这一工作，尽管它在我们周围已经普遍见诸媒体、公共辩论和行为金融之中。对于行为经济学而言，很幸运的是，一位经济学家在 1976 年读到了关于这一工作的论文，并且没有弃之不顾。他曾这样写道："我在阅读的时候，心脏开始咚咚直跳，就像在紧张的比赛的最后几分钟一样。从头到尾阅读完这篇论文花了我 30 分钟的时间，但我的人生永远被改变了。"这个人就是 2017 年荣获诺贝尔经济学奖的理查德·塞勒。

现在，让我们把教科书上遵守古典统计学的新古典经济行为迁移到贝叶斯主义（Bayesianism）之上，并将这些行为人称为贝叶斯主义者（Bayesian）。人们经常会被要求回答这种形式的问题：事件 A 有多大的可能性是由范畴 / 类别 / 过程 B 所产生的？在回答这个问题时，人们通常使用的是代表性启发式（representativeness heuristic），即他们基于事件 A 看起来有多像事件 B 来给出答案。例如，有一个选择是从 A 瓮（内有 1 个红球和 2 个黑球）中放回并连续抽取三次球，或者从 B 瓮（内有 2 个红球和 1 个黑球）放回并连续抽取三次球；A 瓮被选中的概率是 60%，这是共同知识。三次抽样所得球的结果是 1 红 2 黑。

这些球来自 A 瓮的概率是多少呢？统计上正确的答案是 75%，但个人受到代表性启发式的约束，给出的答案大于 75%，在极端的情况下，答案甚至是 100%。相对于贝叶斯主义者，人们通常赋予那些共享着大样本性质的小样本过高的概率。这类人表现得好像他们遵守小数定律（law of small numbers）而不是统计性上正确的大数定理（law of large numbers）一样。这具有重要的意义。例如，人们发现从随机数字中产生假想的数字序列是很困难的；这些序列表现出了极大的负向自相关（negative autocorrelation）。人们可能经常会观察到许多连续的相同结果。在这种情况下，他们会使用代表性启发式来推断样本是从一个包含着比例不相称的这类结果的总体中抽取的。所以，他们会预期在未来还会出现更多的此类结果，这种对结果的正向自相关（positive

那些比答案更重要的好问题

autocorrelation）即为热手谬误（hot hands fallacy）。

所谓热手谬误，就是打篮球的时候通常所说的有一场球打得手感特别好，但事实上并没有手感这回事。显然，一个贝叶斯主义者也会在相同的方向上更新信念，但是在代表性之下，人们反应得更为强烈。热手现象在体育中被记录到，譬如篮球和棒球都出现过这种现象，在一场比赛中得分很高的运动员会被认为有一双热手。再比如过去曾经卖出过中彩的乐透彩票的乐透店，在中彩后的 40 周内销售出奇地好，尽管从这家店里购买到一张中彩的乐透彩票的概率并没有变化。相比于"不具有生命的"随机过程（例如赌场押注），对于一个依赖人类技巧的"有生命的"随机过程（例如篮球和棒球），我们更可能会观察到热手谬误。小数定律也可以解释过度自信的存在。

情感启发式（affect heuristic）辨识出了情感在人类决策中的作用。人们通常通过他们的情感来对事件进行归类和贴标签。例如，去杭州的度假如果曾经令人感到心旷神怡，那么在其他条件不变的情况下，它可能会给人以积极的情感，而如果一个人曾经在这样的假期中被人行凶抢劫，那么它就会给人以消极的情感。情感启发式认为，这种积极的情感效应和消极的情感效应混合在一起，决定了我们的选择，而不是事件客观的统计概率决定了我们的选择。例如，下一个假期我要去杭州吗？情感启发式会节约用在决策上的认知努力并加速决策，因为它更容易想到的是"我对它的感觉是什么"，而非"我对它的思考是什么"。哪怕是专家在对有害物质进行风险等级排序时，也是通过这些物质所引起的恐惧之感来完成的。

人们通常通过他们的情感来对事件进行归类和贴标签。

在 1979 年的第二篇论文里，卡尼曼和特沃斯基大致描述了风险、不确定和模糊性下决策制定的一种新理论，这一理论从期望效用理论的简单、保守的扩展淬炼提取而来，其主要实验洞识来自他们自己的工作和其他一些人的工作。卡尼曼和特沃斯基将这个新理论称为前景理论（prospect theory，PT），对于该理论而言，这个名字可真不是一个有多大启发性的名字。前景理论可以很好地解释阿莱悖论。

前景理论是选择行为的描述性理论，它试图解释的不仅是风险条件下真实的人类行为，还希望解释在不确定性和模糊性情境下的人类行为。和许多行为理论一样，它也有着严格的公理化基础。前景理论不仅可以解释那些对理性选择中期望效用理论的著名反例，还有助于成功预测和解释一系列新的现象。在这个意义上，它满足了拉卡托斯框架下理论和经验进步的标准。前景理论中有一个关键的概念，叫参照点依赖（reference dependence）。这表明人们是从结果相对于某个参照点结果的变动情况来推导效用的；如果结果大于或等于参照点，则它就处于得益域（domain of gains），否则即处于损失域（domain of losses）。人们在得益域的表现与损失域的表现往往大不相同，前景理论对损失域人类行为的差异给出了丰富的阐释。行为经济学中的许多结论引出了一个关键的概念——损失厌恶（loss aversion），即损失带来的痛苦大于等量得益所带来的快乐。卡尼曼和特沃斯基报告了损失厌恶的中位数值，即2.25。举个例子，如果说得到100元钱的得益感觉是100个单位的效用得益，那么，100元钱的货币损失在前景理论下的感觉就像225个单位的效用损失；而在期望效用理论下，100个单位的损失可能只是100个单位的效用损失。损失厌恶在经验上非常稳健，它可以帮助我们中的一些人理解我们过去的行为。

1992年，卡尼曼和特沃斯基又对早期的前景理论进行了拓展，提出了累积前景理论（cumulative prospect theory）。按照惯例，我们称1979年版的前景理论为第一代前景理论，而简单地把1992年版的前景理论叫作前景理论，它在理解风险、不确定性和模糊性情境下的人类行为上有着很好的表现。可以说，经济学中再无其他的决策理论曾如此成功地解释了这么宽广的现象。它可以解释很多现象，比如，股票溢价之谜（股票相对于债券的收益过高）为什么存在？为什么在雨天的纽约打车这么难？为什么人们会交税？支付意愿和接受意愿之间为什么会出现偏差？在事后契约的达成中，事前竞争如何作为一个参照点而存在？人们为什么会持有造成损失的股票更久却更早地卖出能实现盈利的股票？为什么在资产收益中会出现市场价格偏斜（skewness）？诸如此类。每一个问题的背后都有文献在支撑，很难找出哪一个经济学领域未曾直接或间接地受前景理论的触动。

听了这种说法之后，你或许会认为，前景理论明显是微观经济学课程中所教授的主要决策理论。错！微观经济学的大部分标准教材要么根本不提前景理论，要么只是匆匆一笔带过。而在自然科学中，这种情况是不可能出现的，至少在当代是这样的。

在我看来，经济学知识生产中的制度结构具有很强的现状偏好，部分是由于朴素的、自我为中心的方法论立场所致，而这一立场没有认识到证据和可反驳性的基本作用。

认知与行为决策模型，
驱动我们做出更智慧的决策

如果你是丹尼尔·卡尼曼，你会对经济学，尤其是经济学家作何感想呢？前景理论，这一关于风险、不确定性和模糊性的在经验上最令人满意的决策理论，仍然没有进入主流经济学课程中——今天距其初次发表已经过去了 40 年之久。最初，启发式和偏误方法受到敌意攻击，如今，虽然大多数经济学家的工作与之高度相关，但这种方法仍然被忽略，经济学家们仍然会将许多已经堪称经典的方法束之高阁。在卡尼曼所写的《思考，快与慢》一书中，我们可以从字里行间感受到那种隐然的失望。同时我们也应看到，以认知与行为决策模型为代表的行为经济学进展正在改写经济学，虽然速度不如预想中那么快，但是一切正在发生变化。如今，在主流经济学期刊上，行为经济学论文的发表数量正在大幅提高，一些行为经济学的理论解释也日益被经济学家接受。在中国高校的经济学界，行为经济学研究也开始兴盛起来，这些都是可喜的进步。展望未来，我认为认知与行为决策模型将会继续改写经济学，因为大脑塑造了我们的认知模式，而选择构成了我们的社会与人生。

　　欧洲著名神经经济学家卡洛斯·奥洛斯菲尔（Carlos Alos-Ferrer）曾说："当我们研究社会时，无论我们想还是不想，实际上都是在研究大脑。"

推荐阅读

《稀缺》

- 哈佛大学终身教授、"麦克阿瑟天才奖"获得者塞得希尔·穆来纳森（Sendhil Mullainathan）和普林斯顿大学心理学教授埃尔德·沙菲尔（Eldar Shafir）强强联合之作，继诺贝尔经济学奖获得者丹尼尔·卡尼曼《思考，快与慢》之后的又一部行为经济学重磅著作。

- 首度提出"带宽＝认知能力＋执行控制力"概念等式。所有处在稀缺状态中的人，其大脑都会被稀缺心态俘获，过于专注于"管窥之见"，其认知能力与执行控制力也会变得低下。

《复杂经济学》

- "复杂经济学"创始人、圣塔菲研究所元老、斯坦福大学经济学教授、"拉格朗日奖""熊彼特奖"得主布莱恩·阿瑟重磅新书!

- 这是一本见证复杂经济学成长的著作,也是复杂经济学奠基之作,其核心思想可以归结为:经济不一定处于均衡状态,演绎推理将被归纳推理所取代。

脑机接口会让
人类掌控自我的
进化吗？

BRAIN-COMPUTER
INTERFACE

CI
MIND

EERS
THON

我们手里的智能手机已经非常接近"脑机接口"了。生命 3.0 的时代是否已经来临？

洪波

清华大学医学院生物医学工程系教授
IDG 麦戈文脑科学研究院研究员

我们是不是可以去商店买一个这样的东西，里面装着与微积分、金融学有关的任何你想要的知识，然后把它直接插进大脑？我们该如何定义这样一个东西？现在的智能手机是否有这样的功能？

　　首先，这个东西需要在人脑和计算机之间建立即时通信，智能手机满足这个条件吗？当然满足。其次，这个东西得是人身体的一部分。如果我把你的手机在我口袋里放一个小时，你愿意吗？不愿意。实际上现代人已经和智能手机形影不离了，你会带着手机吃饭、睡觉、上厕所，仔细想一想，这个东西其实已经成为你身体的一部分。再次，它不依赖任何的媒介，直接和人脑进行信息交换，这一步智能手机还做不到。但技术的发展总是一步一步推进的，很快你就会发现我们能够跨越这个阶段。这三点是我对脑机接口最通俗、最科普的定义，而事实上，我们手里的智能手机已经非常接近脑机接口了。

智能 3.0，脑机互连的人类未来

让我们跳出个体的角度，站在一个更宏大的进化的角度上。《生命3.0》[1]的作者迈克斯·泰格马克（Max Tegmark）认为，整个星球上生命的进化可以分为从生命 1.0 到生命 3.0 三大阶段（见图 8-1）。生命 1.0 阶段的生命形态的软件和硬件都无法改变，低等生物就是这样的，在很小的环境里，它们的行为是非常固化的。随着生命不断进化，出现了高等哺乳动物，虽然不能改变基因，但是生命体可以通过后天的学习改变自己的行为方式。灵长类的社群行为已经很复杂了，等到智人时期，一种特别神奇的东西，或者说一种高级社交的方式出现了，那就是语言。于是人类不仅能够改变自己的软件，还能够把这种软件通过语言、教育等形式，变成整个人类种群软件的一部分。所以到了生命 2.0 阶段，虽然改变不了硬件，但改变软件的能力已经很了不起了。

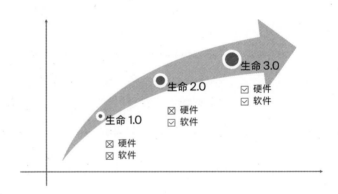

图 8-1 《生命 3.0》中将生命进化分为三大阶段

1　在《生命 3.0》一书中，迈克斯·泰格马克对人类的终极未来进行了全方位的畅想，本书中文简体字版已由湛庐文化引进，浙江教育出版社 2018 年出版。——编者注

今天，我们需要非常认真、谨慎地思考，生命 3.0 的时代是否已经来临？图 8-2 是我手绘的示意图，我们不妨思考一下，未来这个星球上的智能会往什么方向发展？

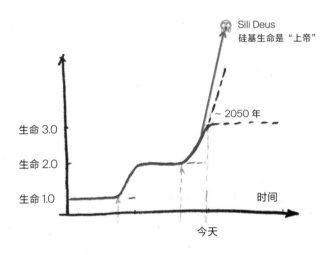

图 8-2　未来的可能性 A：人工智能统治地球

第一种可能性：生命 3.0 时代，硅基生命是"上帝"，人类很不幸地被淘汰了。这颇具讽刺意味——人类自己活得好好的，非要研究出人工智能，最后毁灭了自己。Sili Deus 这个词是怎么造出来的呢？Sili 不是 Sily，是指 Silicon；Deus 是拉丁文，指"上帝"，连起来是指"硅基的上帝"。有人预计这个时代很快会到来，比如在 2050 年。

第二种可能性：人类掌握了自身的进化，掌握了进化的轨迹，并且找到了一种办法，把自己（智人，Homo Sapien）变成了"上帝"，叫 Homo Deus。这个词不是我造出来的，创造它的是《未来简史》的作者尤瓦尔·赫拉利（Yuval Noah Harari），《未来简史》的英文书名就是 Homo Deus。也就是说人变成了神，人类自己变成了神。在图8-3 描绘的未来中，人类通过基因编码改变了自己的硬件，变成 Homo Deus，想多聪明多聪明，想活多久活多久。

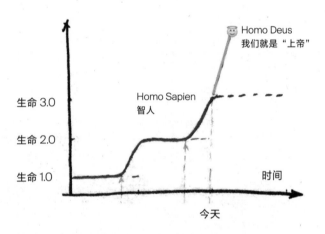

图 8-3　未来的可能性 B：人类掌握自身进化

第三种可能性是什么呢？是人类和硅基智能，也就是人工智能的一种共生模式。广义上讲，可以叫它"生命 3.0"或者"智能 3.0"，也就是人脑进化到和机器脑融合在一起的形式。从生命 1.0 到生命 3.0，这个星球上的智能大致经历了三个版本，这三个智能版本都在我们的大脑中留下了痕迹。智能 1.0 阶段的智能藏在我们的大脑深部，人能够呼吸，能够跑来跑去、维持生命状态主要靠这部分。图 8-4 展示了不同生命阶段的大脑结构，其中脑干部分是比较早期的智能结构，这是爬行类动物留下来的进化痕迹。智能 2.0 阶段的生命有了社交，有了恐惧，有了期待，有了记忆，于是进化出了海马、杏仁核这些大脑结构。脑干的外围部分支持更加复杂的智能 2.0 版本，使高等动物和早期人类可以自如地应对变化的环境。

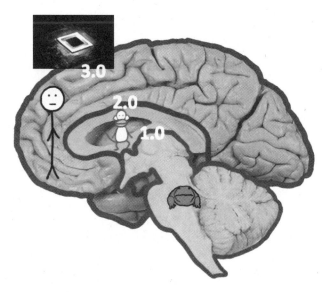

图 8-4　不同生命阶段的大脑结构

最伟大的一点是在进化的过程中，高级的灵长类产生了新皮层，而且新皮层迅速地膨大。这是为什么呢？有人说是因为人类学会了生火做饭，吃得越来越好，蛋白质、脂肪等营养素供应越来越好，大脑皮层就发达了。

在我看来，是语言推动了这个智能进化过程。虽然到现在人们也没搞清楚语言是怎么产生的，但语言对智能的意义不言而喻。大脑首先要解决物理世界的不确定性。在某个时间点上，人类意识到协作的重要性，但人类的协作系统也有不确定性。为了更好地应对协作的不确定性，人类通过语言这种符号体系创造出了神、宗教，创造出了这个物理世界中原本不存在的东西。有了这些东西以后，人类的大脑发育和智能进入指数型加速的阶段，把外部的物理世界和我们自己创造的内部世界，包括概念、知识、语义等都存储在大脑里面，这就是今天的人脑智能状态，我把它称为地球智能的 3.0 时代。再往后进化就遇到了一个瓶颈，智能 3.0 要摆脱生命 2.0 的束缚。比如，肿瘤是自然界给人类设定的诅咒，到一定的时候人类个体就必须死掉。但人类这么聪明的智能体，是否能借助外部"进化"一直活下去？

> **通过脑机接口，我们可以把不擅长做的事、不愿意做的事、能耗比较高的事等交给"外脑"去做，而我们自己去做最富有创造力和思辨能力的事。**

目前还没有办法进一步进化我们的大脑，让大脑多长出一些神经细胞、多一点皱褶，但理论计算表明，人类的颅骨已经容不下更多的神经细胞了，否则能量供应会有问题。那该怎么办呢？我们只能采用另外一种完全不一样的方式，和硅基智能共生，给自己装上"外脑"——脑机接口。通过脑机接口，我们可以把不擅长做的事、不愿意做的事、能耗比较高的事等交给"外脑"去做，而自己去做最富有创造力和思辨能力的事。这是从最宏大的进化意义上定义的脑机接口。

因此，我定义了最小概念的脑机接口——可以装进脑子里的"智能手机"，以及最大概念的脑机接口——人类进化的下一步。通过智能的进化使人类永生不只是我一个人的梦想，埃隆·马斯克也想做这样的事情。特斯拉公司（Tesla）、SolarCity、SpaceX，马斯克创立的这三家公司分别在智能汽车、电池储能和太空旅行领域取得了成功。Neuralink是马斯克创立的第四家公司，他的想法是让人类通过某种方式获得永生。那么有没有一种方法能把我们的意识保存下来？脑机接口提供了这种可能。

让我们从永生的梦想回到现实中来。真实的脑机接口是什么样子的？30年前，做脑机接口研究的一群人初心非常简单，就是要帮助霍金这样的渐冻症患者（见图8-5）——他们的大脑细胞是正常的，但是外周的运动神经元全部坏死了，因此不能说话，不能走路，不能动手，没有办法跟外界交流，不能像正常人那样自由地走来走去、与他人聊天。

图8-5　脑机接口研究的初心：帮助重度残疾病人

脑机接口神经界面的三种形态

我们通过工程技术的手段想了一些办法来进行研究。我想跟大家分享三个故事，分别对应脑机接口神经界面的三种形态：无创脑电、有创植入电极、微创芯片。

故事1：无创脑机接口——脑电控制的足球赛

2006年，我从约翰·霍普金斯大学回到清华大学，被分到一间地下室作为实验室。我和同学们在地下室里做了一个实验（见图8-6）：两名学生戴着脑电帽，他们能够通过自己大脑主动的想象来控制两只SONY机器狗——一只来自清华大学，一只来自北京大学。2006年德国世界杯期间，两所大学正在进行一场脑电控制的机器人足球赛。我们设计的足球赛规则很简单，球员只有两只机器狗，足球放在门前，守门员机器狗挡着它，不让对方的机器狗碰到足球，如果对方的机器狗躲过守门员，把足球推进了球门，就算得分赢球。两名学生控制得很好。这场简单的足球赛背后应用的是当时最先进的脑机接口技术。这是工程技术的杰作，用到了脑电采集技术，用到了机器学习方法来识别想象运动的方向，用到了蓝牙无线通信来传输控制命令。其背后的工作原理与大脑运动皮层的脑电活动有关，当你动右手的时候，左边的大脑运动区会有脑电活动变化；当你动左手的时候，右边的大脑运动区会有脑电活动变化。想象自己动左右手的时候，也有类似的脑电变化。我们把脑电记录下来，用机器学习的方法识别脑电活动的变化，就会知道你是想控制小狗往左、往右，还是前进。因为头皮脑电信号很弱，所以只能识别出往左、往右、往前三种控制命令。

图 8-6　脑电控制的机器人足球赛

　　2014 年世界杯期间,《脑机穿越》(*Beyond Boundaries*)[1]的作者,出生在巴西的美国科学家米格尔·尼科莱利斯(Miguel A. Nicolelis)应巴西世界杯组委会的邀请,负责设计世界杯开球的新方法。他的实验室研究过猴子运动皮层的神经细胞如何控制机械手,因此可能会用脑机接口去控制开球。但尼科莱利斯没有用猴子去开球,而是请了一位高位截瘫的小伙子,让他戴上一个与我们 2006 年做的实验中一样的脑电帽,这次不是用来控制机器狗,而是控制他自己的机械假肢——大脑发出踢球的信号,通过脑机接口让机械假肢来完成动作。世界杯开幕式上,这次开球只有 5 秒钟,一闪而过,很多人甚至没有注意到,但意义重大。尼科莱利斯曾经给猴子植入电极脑机接口,后来又采用了和我们类似的

1　本书中文简体字版已由湛庐文化引进,浙江人民出版社 2015 年出版。——编者注

无创脑机接口解决方案。现在米格尔·尼科莱利斯在做什么？他基于这个脑机接口方案，启动了一个"重新行走"的计划，帮助高位截瘫的患者进行下肢康复（见图 8-7）。其背后的神经机制是主动康复，让机械下肢真的动起来，给患者腿脚落地的触感，这样反复刺激可以加速截瘫位置的神经再生和修复。

图 8-7　米格尔·尼科莱利斯和他的研究

既然脑机接口技术已经这么神奇了，为什么不给每个人使用？实验室里的真相是这样的：脑电帽子上有好多电极（见图 8-8），为了保持电极和头皮接触，每个电极下面还要注入导电胶，使用 1 ~ 2 个小时后导电胶就干了，脑电信号就会变差，最后脑机接口无法工作。这种脑机接口方案只能在实验室中演示，不能进入家庭，进入临床应用也很困难。清华大学在这个技术上走到了世界前列，现在仍然保持着世界最快纪录：脑机接口打字可以达到每秒钟一个字符的速度，非常准确迅速。

图 8-8　拥有多个电极的脑电帽子

故事 2：给大脑装一个插头

如何让神经信号变得更好一些？给大脑装一个插头。布朗大学的临床医院里真的做过这样的实验（见图 8-9）。现在，美国至少有 6 所大学和医院在做这样的研究，这是一个临床前小规模试验，还没有得到美国食品药品监督管理局（FDA）进入临床应用的最后批准。

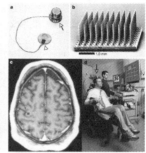

图 8-9　布朗大学研究人员在做脑电实验

　　这种方案是用一块 4 毫米 × 4 毫米的硅基芯片来采集运动脑区的神经细胞放电。研究者将一个装置连接在病人的头上，它里面有一块硅基电极芯片，外面连着插头，把信号导出来（见图 8-10），导出信号的过程目前还不能使用无线传输。为什么不用 5G 无线传输神经放电信号？因为其功耗太高，芯片会很烫，而局部环境只要升高 1℃，脑细胞就会死亡。控制无线传输的功耗是一种很复杂的技术。

　　这个故事发生在 2012 年，如今已有很多关于这项技术的学术论文发表，但我们仍然没有看到这种脑机接口进入临床应用。为什么会这样？让我们来看看脑机接口公司 BrainGate 的发展情况，你就会了解其背后的许多挫折和失败。美国有一项规定：在进入大批量临床应用之前，只允许对少数病人进行实验，以评估安全性，这个过程叫 IDE（Investigational Device Exemptions，试验装置豁免）。2004 年，研究团队获得批准，对几个病人做了实验，但评估结果不太好，整个项目被 FDA 叫停。团队人员很失望，之后把 BrainGate 脑机接口技术卖给了 Blackrock。2009 年，新一轮小规模临床试验 IDE 开始了，这次由麻省总医院牵头，他们的目标是说服 FDA 批准进入大规模的临床实验。

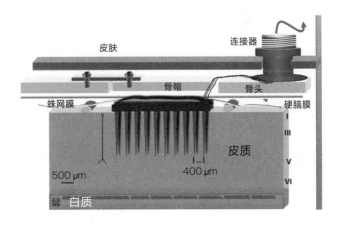

图 8-10　接入大脑的装置内部

　　为什么这个方案会遇到这么多波折？因为那个 4 毫米 × 4 毫米的电极插入大脑皮层的时候，胶质细胞会把电极包裹起来，这是一种典型的免疫炎症反应。电极被包裹起来后形成隔离，一些电极就记录不到信号了（见图 8-11）。在猴脑上做过的实验表明，电极周围会形成绝缘壳。人脑也是这样，少则两三个月，多则半年，信号就损失得差不多了，需要取出电极芯片重新植入。这样的手术创伤和风险是令人无法接受的。

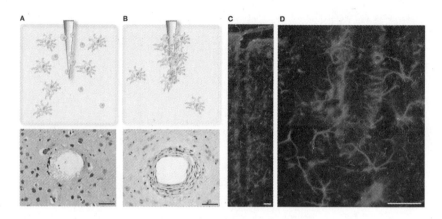

图 8-11　大脑皮层细胞

　　于是很多材料科学家想出一些创新的办法，例如利用一些微纳现象植入硬电极之后，使其自动展开恢复柔性，形成所谓的"神经流苏"（见图 8-12），以减少胶质细胞的免疫反应。类似的微纳电极方案还有很多，但都是在动物身上实验，还没有在人脑中证明安全性和有效性。现在最前沿、最接近商业前景的是神经尘埃（Neural Dust）技术，由加州大学伯克利分校的两位教授创立，后来他们成立了一家公司——Iota。神经尘埃并非像你想象中的尘埃那么大，它目前有两三毫米。这个"尘埃"的好处是，它可以用超声隔着头皮和颅骨，直接把能量送进大脑，然后用超声的回波把神经放电的信号重新反射出来（见图 8-13），这是神经尘埃技术最绝妙的地方，也是 Iota 很快获得 1 500 万美元投资的原因。

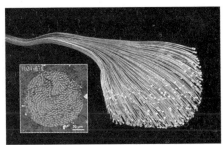

图 8-12 神经流苏

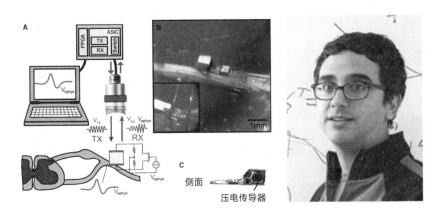

图 8-13 神经尘埃的作用

脑机接口也有一个摩尔定律（见图 8-14）。这个摩尔定律关心的是什么？随着时间的推移，我们究竟能记录到多少个神经细胞？这对于脑机接口的发展是一个很关键的问题。为什么这样说呢？因为记录到的神经细胞越多，脑机接口的通信和控制就越准确。2014 年时，这个数字在 500 左右徘徊，现在的最高水平是 1 000，也是在猴脑上实现的，人脑还远远达不到这个数目。是不是要一直沿着这条曲线走下去，越走越远，最后记到1万个或者1亿个就可以解析了呢？问题似乎并不那么简单。

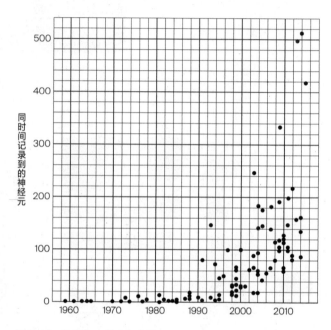

图 8-14　脑机接口的摩尔定律

资料来源：Ian H. Stevenson, UConn

故事 3：微创植入的探索

微创植入探索是我们实验室首先提出的方向，我们已经在这方面坚持了很久。既然大脑外边信号不好，里边损伤太大，为何不在中间进行植入？从头皮到神经细胞之间一共有 19 层不同的组织，其中一层叫硬脑膜，它是很稳定的。我们已经和中国人民解放军总医院（301 医院）等合作做了临床前试验，在手术治疗癫痫的病人大脑中用 1 ~ 3 个电极记录硬脑膜上的信号，实现了每秒 15 个字符的脑机通信速率，这是世界上第一个微创植入的、能够打字的脑机接口系统。

微创脑机接口：电极置于硬脑膜上

我们的目标是把这个脑机接口做到微创、无线，而且它非常小，小到直接可以放在 5 ~ 7 毫米厚的颅骨内，把所有东西都容纳进去。这个过程需要非常多的工程突破，比如要解决片上信号处理、无线通信、无线供电、低功耗不发热等问题。我的博士生成立了 Neuracle 公司，他们设计的方案希望这个东西小到一元人民币那么大，最好是五角钱硬币那么大，那样就真的可以打一个很小的孔，将其放在颅骨里面，并且不会破坏你的任何神经细胞（见图 8-15）。它的信号质量是长期稳定的，因为我们颅骨的环境非常稳定。

长期可靠的微创脑机接口

脑机接口的一个挑战是神经界面，这是十分重要的，决定了你会收到什么样的信号。无创、有创、微创三种不同的形态各有利弊。打个比方，你视力不好，戴眼镜是无创；做激光手术，打磨一下角膜，这是有创；还有一种方法是戴隐形眼镜，很自然，损伤很小，这是微创。我个人认为微创是脑机接口进入临床应用的最有潜力的形态。

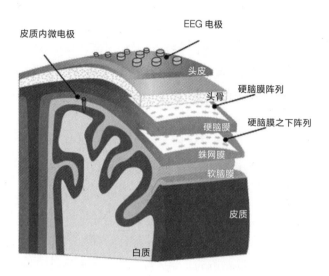

图 8-15　脑机接口示意图

还有一个很深刻的问题值得思考。人类的大脑有 800 亿～1000 亿
个神经细胞，它们的群体活动构成了复杂的网络。当你植入 1 万，或 10 万
个电极的时候，这个系统还是原来的系统吗？人脑是否可以全息地观测？

刘慈欣在《三体》中其实已经把神经工程的愿景写得很准确了。有
一个面壁人，名叫希恩斯，他的策略是什么？研究脑科学，开发一个能
读出脑信息的全息脑成像技术，以及一个写入脑信息的思想钢印技术，
把人类必败的信息写到某些人的大脑中去，让他们驾着飞船逃离地球，
他认为这是保护人类的最好方式。《三体》中对人脑进行全息脑成像和
思想钢印的一段非常美妙的描述，其实就是脑机接口的终极形式。

神经解码的挑战

除了神经界面技术，脑机接口发展的另一个挑战是神经编码（见图 8-16），这一点其实更难。

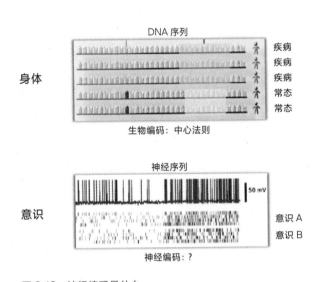

图 8-16　神经编码是什么

打个比方，现代生物学发现了 DNA 和基因，于是解开了生命的密码。我们今天可以把神经细胞的每一次放电都记录下来，却读不懂这些放电说明了什么，比如从你的神经脉冲放电中，我并不能看出来你今天是不是很高兴。最关键的是缺乏一个类似"中心法则"的东西，这是神经编码的核心密码。我们期望复杂多变的神经放电背后会有基本的单元，就像基因这样的密码本，但到今天还没有足够多的证据来支持这一点。

图 8-17 中是我们实验室记录到的老鼠听觉大脑中的神经细胞放电，这些神经细胞就像天上的星星。神经细胞之间还有更复杂的神经连接，粗略估计，每一个神经细胞都有 1 000 多个神经连接。人脑中的信息单元数目应该比人类已知的天上的星星还要多一个数量级。

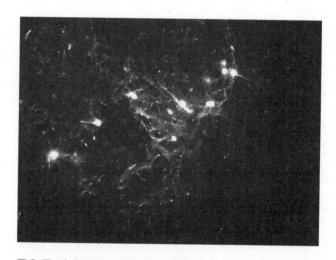

图 8-17　老鼠听觉大脑中的神经细胞

我们目前对于神经编码所知甚少。比如刚才提到过的运动神经细胞的编码课题，布朗大学、斯坦福大学、匹兹堡大学、加州理工学院等已经在猴脑中开展了大量的研究。研究发现，神经细胞放电和运动方向、速度之间都是一种线性关系，而且神经细胞之间是协同工作的。比如，有一屋子的人，每个人是一个神经细胞，每个细胞分管一个运动角度，并不是说需要 360 个神经细胞来各自负责 360 个角度，而是多个细胞协同编码一个角度。这个编码方式的编码容量非常高，容错性好，被称为群体神经编码。这个规律也许是我们认识大脑基本编码规律的出发点。

另一方面，实验研究也发现，在脑机接口控制运动的时候，猴子其实是在学习一种新的技能。猴子被植入电极后，并不是用原来的方法来指导它的手怎么去运动。就像用脑机接口控制机械手喝咖啡时，只有几十个细胞在工作，这其实是用这部分细胞建立了一个新的通道，可以使病人学会新的技能，用几十个神经细胞控制机械手（见图 8-18）。我们通过练习学会骑自行车也是同样的道理。

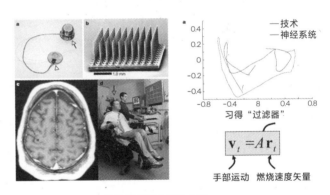

图 8-18　运动解码简单到只是个线性方程

神经解码的第二个例子是语言的解码。为什么语言解码很重要？我有一个想法，如果在带宽有限的情况下，我要在大脑和计算机之间接一个接口，则语言是最精简的、高度浓缩的信息载体。我说一个单词，它包含的信息量是巨大的，特别是加上知识库的情况下。要在大脑和计算机之间建立一个语言的连接，大脑里面不同神经细胞会产生群体活动，比如每次有 uo 这个语音出现时，这个电极就会产生强烈的活动。电极位于听觉高级脑区，可以区分 a 和 i 的语音。这让我们看到语音在人脑神经细胞的编码中是有规律可循的。另外，我们还发现中文的四声声调在大脑中编码的规律，除了听觉脑区，运动脑区也会参与。如果我们能够记录更多的神经细胞，就能揭示人脑语音编码的全部规律。

我们的最终目标是希望通过解读神经细胞放电，把人类想说的话解析出来。带宽有限、不能够破坏大脑系统的时候，最好的办法是获取高级脑区的细胞活动，因为这些神经细胞的表征含义是最丰富的。获取这些高级神经细胞的放电，并结合机器学习和人工智能算法去解读，将是很有潜力的脑机接口解码方向。

我们的长远目标是什么呢？我希望每个人都有机会获得一个脑机接口，不过不用去手术室，只需要用微创的方法在耳朵后面放一块很小的芯片。加上我们的语言解码方法，你和计算机之间就可以实现高速可靠的信息交换。

一个容易被忽略的重要的事情是，往大脑中写入信息实际上是很困难的。前文说的都是解读，写入的难度大概还要高两个数量级。不过也不必悲观，事实上，一些人的身体里面已经有神经写入装置了，例如人工视网膜和人工耳蜗，它们可以让人产生视觉和听觉，只不过写入的信息很粗糙，大脑要经过训练才能理解。最近，世界上已经有不少实验室在研究神经信息的精准写入，一个有实验证据的例子就是触觉。用精细的电脉冲刺激人脑的感觉皮层 S1 可以让人产生被触碰的感觉，甚至可以让人感觉到自己的手在"动"，产生了所谓的本体感觉。这是一个很了不起的进展，这方面的进展会让未来的脑机接口真正成为可以解读和写入脑信息的双向技术。

马斯克要做的人脑和机器之间的通信——Neuralink 必须是双向的，信息是可进可出的。为什么说马斯克很厉害？从马斯克的网站上可以看到，他招募了一些科学家，他们的专长分别是神经电极、记录系统和神经解码，与前文中讨论的技术关键很匹配。

与机器交融，人类的终极未来

狭义上，人类已经在使用脑机接口了，它很可能就是你的智能手机的未来升级版；广义上，人类出于生存和人工智能带来的压力，必然会应用脑机接口，走上人机融合之路。考虑一下脑机接口的两大应用前景：神经康复和未来智能。第一个应用是帮助残疾人康复。目前，脑机接口已经成为神经渐冻症、脊髓损伤、脑中风等疾病的康复新技术，随着脑电技术的成熟，其临床价值将逐步上升。这在伦理上没有问题。第二个应用是人机融合的未来智能。一个可见的未来是，这种人机连接的通信带宽将不断增大，但其中的伦理问题比较复杂。在未来与机器融合在一起，成为 Homo Deus，这真的是人类所期望的归宿吗？

人类出于生存和人工智能带来的压力，必然会应用脑机接口走上人机融合之路。

脑机接口技术将面临"死亡谷"的考验

　　神经界面和神经编码是脑机接口技术的两大挑战。长效可靠的神经界面是脑机互联的关键。在美国，有创微电极方案面临困境，无创脑电在康复应用中展示出优势，我们提出的微创接口技术正在突破中；神经编码的规律也在逐步被发现，已经可以支持接近键盘速度的脑机通信了；语音通信速度是我们的下一个目标，不过双向脑机通信还是一个难题，需要更加耐心地进行神经科学的基础研究。

　　想象一下，20 年后，每个人都会装一个自己的脑机接口吗？根据专业机构 Gartner 的预测，未来 3～5 年，脑机接口技术将达到期望的峰值。到那时，普通人都会觉得这个东西很酷、很有用，想买一个，这是我们期望的峰值。但在期望的峰值之后，每一项新技术都会受到"死亡谷"的考验，比如 AR，就已经掉入了"死亡谷"。脑机接口也难逃一劫，问题是它能否从"死亡谷"里再走出来？如果能顺利地闯过去，脑机接口或许真的会改变人类进化的未来，创造新一代的星球智能！

《生命 3.0》

● 这本书将是你在人工智能时代的思考利器。此书对未来生命的终极形式进行了大胆的想象：生命已经走过了 1.0 生物阶段和 2.0 文化阶段，接下来生命将进入能自我设计的 3.0 科技阶段。

● 长居亚马逊图书畅销榜！霍金、埃隆·马斯克、雷·库兹韦尔（Ray Kurzweil）、王小川一致好评；万维钢、余晨倾情作序；《科学》《自然》两大著名期刊罕见推荐！

09

认知情绪如何让我们活得更久？

COGNITIVE
EMOTION

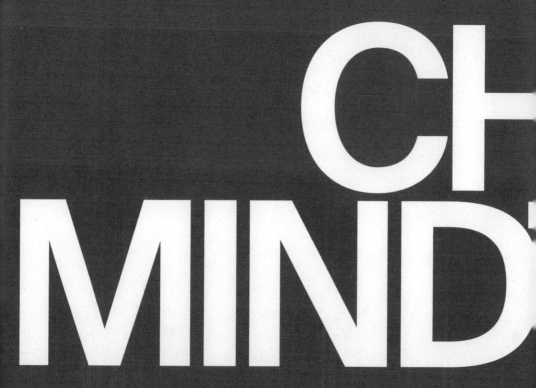

EERS
THON

只有理解了大脑，

我们最终才能理解自己。

胡霁

上海科技大学研究员、博士生导师

神经科学也叫脑科学。虽然对于现在的人们来说，大脑是负责认知和行为的物理器官似乎是不言自明的，但其实这并不是自古就有的观点。

古埃及人认为心脏是人类智慧的中枢，所以在制作木乃伊的常规过程中会切除大脑，理由是它对于未来的生活并不重要。古代中国人也认为思考的器官是心脏，所谓"心之官则思，思则得之，不思则不得也"。到了公元前 6 世纪，一些古希腊哲学家认为大脑是思考的器官，但是大部分学者，包括亚里士多德都更相信古埃及观点，认为大脑的功能是冷却机体的血液。古罗马时代的哲学家盖伦（Claudius Galenus）根据动物解剖证据提出了大脑控制身体功能的观点。但就像他的前辈一样，盖伦仍然认为大脑并不具有认知功能。

大脑是人类思想和行为的司令器官，大概从中世纪开始,这个观点已经固定了,但直到"现代神经科学之父"圣地亚哥·拉蒙 - 卡哈尔(Santiago Ramón y Cajal)对大脑微观结构的开创性研究及其天才的洞见出现,才奠定了神经科学坚实的基础,使得我们在科学上开始探索大脑的工作原理。

那么,为什么神经科学这么重要?我总结出三点原因:

- **第一**,我们对自身有好奇心,希望理解自己的身体是怎么工作的,而大脑是人体最复杂的一部分。想象一下,上万亿个细胞伸出长长的触手拥抱缠绕,人类的所有悲伤欢喜就发生了,这是多么奇妙又难以理解的事情!

- **第二**,只有理解了大脑,我们才能做到老龄化疾病的防护和治疗。人脑的疾病未来可能会长久地困扰人类社会,特别是伴随老龄化而来的阿尔茨海默病、帕金森病等,它们发病隐蔽,过程痛苦,而且几乎无药可治。

- **第三**,只有理解了大脑,我们最终才能理解自己,才能真正理解人的价值和人的未来。人何以为人?为什么地球生物中只有人类走出非洲、霸占了生物圈?只有人类拥有文字和艺术?为什么只有人类飞向了宇宙?这一切是因为我们的大脑吗?

目前,我们实验室所开展的工作主要是应用前沿的神经环路技术,研究情绪和动机的神经科学机制。情绪是一种非常强烈、保守且本能的行为学表达,一些 emoji 表情,通过眼睛和嘴角位置的简单描绘就能让我们体验到情绪的变化（见图 9-1）。而且，情绪是一种跨物种的保守行为，几乎所有的哺乳动物都能够很好地表达愉悦、恐惧和愤怒等基本情绪。

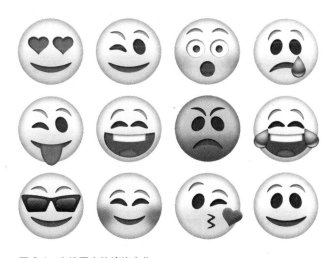

图 9-1　表情图中的情绪变化

对于情绪的研究在神经科学领域起步较晚，目前已知控制情绪的脑区基本上都是在大脑非常深的地方（见图 9-2），比如边缘系统中的杏仁核，这导致了传统的电生理方法很难对其进行记录。另外，对于情绪研究来说，过去几十年里，很多科学家都是基于恐惧行为来进行研究的，最重要的贡献是鉴定出杏仁核是恐惧的中枢。

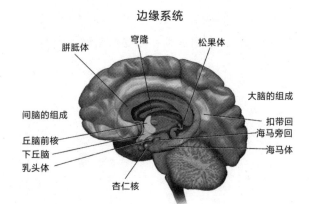

边缘系统

胼胝体　　穹隆　　　松果体

大脑的组成

间脑的组成

丘脑前核
下丘脑
乳头体

扣带回
海马旁回
海马体

杏仁核

图 9-2　大脑深部控制情绪

　　进入情绪研究这个领域后，我们一直在思考正性情绪和负性情绪在大脑中是如何被处理的。查找了经典文献后，我们发现对于情绪的处理，传统理论认为有两个中枢（见图 9-3）。负性情绪信息（比如惩罚）通过室旁核及其下行的神经系统来处理，而正性情绪信息（比如奖赏）主要是由中脑往前脑投射的一个神经束来负责，这个神经束经过电刺激会产生强烈的愉悦感和重复这个刺激的动机。科研人员在小鼠身上做这样的实验后发现，小鼠会持续刺激这个地方，宁可累死也不愿意放弃。但是大脑真的只有这么简单的二分法吗？正性情绪与负性情绪由完全不同的神经系统负责？它们是否有共同的整合中枢？我们基于这样的想法做了一系列研究，在此向大家展示两个最新发表的工作：一是奖赏机制如何缓解压力，二是"痒并快乐着"的神经机制。

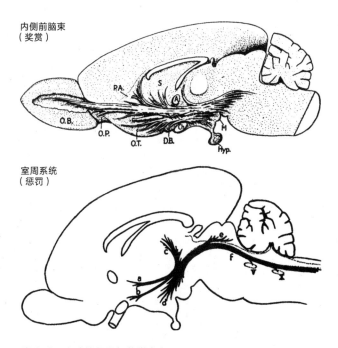

内侧前脑束
（奖赏）

室周系统
（惩罚）

图 9-3　大脑的惩罚与奖赏中心
资料来源：Stein, A Review of Progress, *Psychopharmacology*, 1968.

奖赏机制如何缓解压力

压力——更科学的说法叫作应激，是指因为外界的刺激而处于一种高度紧张的、竭尽全力对抗的情绪状态。社会转型期的中国人正面临着空前的压力，因此，对于压力的神经科学研究既是国际科学前沿，又是国家重大需求。

适度的压力被认为可以增进机体功能与工作表现（见图9-4），但是过度的压力和长期慢性应激则与多种精神疾病相关，比如抑郁症、焦虑症……而且压力也会导致外周器官功能的异常，导致心血管疾病与免疫功能紊乱。

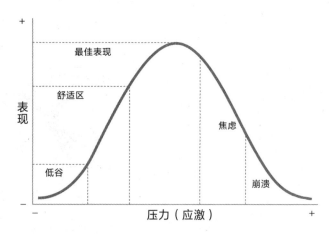

图 9-4　个体表现与压力的关系

长期以来，奖赏都被认为可以在很大程度上缓解应激。比如，我们科研人员虽然有很大压力，但是如果工作能被同行认可，成果能发表在较好的学术期刊上，对我们来说就是很大的奖赏，应激的状态就会得到缓解。

当然，食物、金钱也是很好的奖赏，都可以缓解应激。但是奖赏与应激的信息是如何在大脑中进行整合的？我们目前还不是很清楚，这也是接下来的研究重点。在这个工作中，我们首先关注的是下丘脑室旁核的 CRH 神经元，它可以释放 CRH，也就是促肾上腺皮质激素释放激素。

CRH 神经元通过两个途径影响机体的功能。一方面，它可以在大脑里向垂体释放 CRH，从而驱动 HPA 轴，导致应激相关激素的级联反应；另一方面，近年来，人们关注到它在大脑中也有很多神经投射，这些神经投射可以快速导致应激行为。

从 CRH 的信息处理角度来说，传统观点认为，CRH 神经元要接受应激信息的输入，而我们在 2019 年发表于《当代生物学》（Current Biology）上的论文提出，CRH 神经元同时整合了应激与奖赏的信息。应激可以激活 CRH 神经元，而奖赏通过抑制性输入来拮抗应激的反应，从而缓解应激。

由于室旁核位于大脑深部，所以传统方法很难测量其活动，以往关于 CRH 被应激激活的证据都来自即早基因的免疫组化，这种方法无法观察到抑制性输入。而我们使用了最新发展的光纤光度测量的办法，可以测量大脑深部的钙信号。我们把小鼠放到一个电击箱里面，给予足部电击，或者让一只更大的小鼠来欺负它，然后发现，在这些应激的情况下，小鼠的 CRH 神经元被快速激活（见图 9-5）。这个运用新技术产生的结果在更高的时间分辨率上证明了前人的发现。

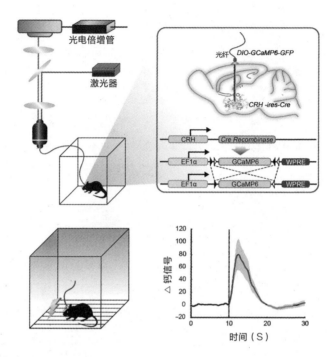

图 9-5　光学记录：压力快速激活室旁核 CRH 神经元

　　但是接下来，我们发现了一个更有意思的现象。有一天，一个学生告诉我，她给这只小鼠喝了糖水后发现 CRH 神经元被强烈地抑制了。我们知道，奖赏有很多种，比如对于一些人来说，金钱是最大的奖赏；对于一些学者来说，可能发表论文是最大的奖赏。但是对于小鼠来说，糖水是非常大的奖赏。也就是说，我们发现 CRH 神经元会被奖赏快速且强烈地抑制（见图 9-6）。

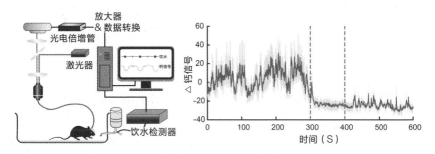

图 9-6　光学记录：奖赏快速抑制室旁核 CRH 神经元

　　光学记录之外，我们也进行了细胞机制的研究，通过膜片钳技术，我们记录了离体脑片上 CRH 神经元的放电模式。我们发现一个非常有意思的现象：应激可以将 CRH 神经元由持续放电模式转化为簇状放电模式——簇状放电在神经系统中被认为是一种高效释放神经递质的放电模式，而奖赏又可以将簇状放电模式完全逆转。所以，从放电模式上看，应激和奖赏在 CRH 神经元上也是互相拮抗的。另外，在分子机制上，我们也发现了 CRH 神经元中的簇状放电模式是谷氨酸 NMDAR 受体依赖的。

　　我们也进一步探讨了它的神经环路机制。我们通过基因工程改造的狂犬病毒神经示踪剂研究了 CRH 神经元的上游输入，然后发现了一个有意思的现象：与压力应激相关的核团通过兴奋性输入激活 CRH 神经元，而与奖赏相关的核团通过抑制性的长程输入直接抑制 CRH 神经元。这个结果进一步证明了 CRH 神经元整合了应激与奖赏的信息（见图 9-7）。

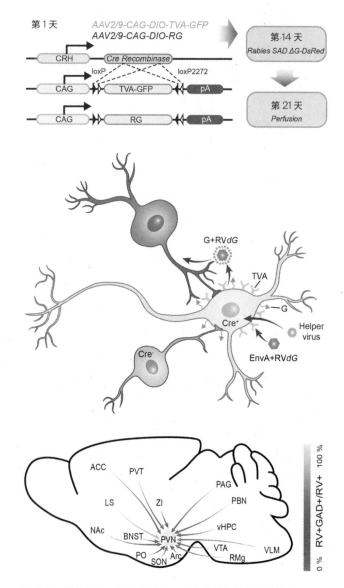

图 9-7　神经示踪: CRH 整合了压力与奖赏相关核团的输入

这项工作发表后，很快就被神经科学领域最重要的综述杂志《自然评论·神经科学》(*Nature Reviews Neuroscience*)作为研究亮点进行了报道。我们的结果受到了肯定，表明室旁核 CRH 神经元整合了应激与奖赏信息。

图 9-8 用一个太极图表示压力和应激奖赏的信号，通过一个长长的神经网络输入，在 CRH 的地方进行整合。这是一个空间上的整合，最终可以影响一个人的情绪表达。

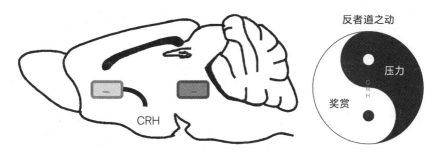

图 9-8　压力和奖赏信号在 CRH 神经元进行整合

"痒"并快乐着

在前面的研究中，我们发现负性和正性情绪可以在室旁核进行整合，打破传统的二分法观点。接下来，我们想探索一些有着复杂情感体验的感觉是如何在大脑里被体现的。晚唐著名诗人杜牧在《读韩杜集》中写道："杜诗韩笔愁来读，似倩麻姑痒处搔。"痒，就是这样一个非常有意思的感觉,它本质上是一种异常感觉,并不使人愉快。痒的不适感警告我们有害的物质(比如蚊虫叮咬或有害的植物)可能入侵了我们的肌肤。但是很多人在抓挠瘙痒的过程中又会产生愉悦感。那么,痒觉这种复杂而有趣的体验现象背后的神经科学机制是什么呢?换言之,"痒并快乐着"的神经科学原理是什么?

这项工作由我们与上海交通大学徐天乐课题组合作完成。我们着重关注的是大脑中部的腹侧被盖区(VTA)。传统意义上,腹侧被盖区被认为主要由多巴胺神经元构成,以介导奖赏信息为主;近四五年来,人们注意到腹侧被盖区其实存在不同类型的神经元,其中多巴胺神经元以处理奖赏为主,但是也存在GABA能神经元,可能负责负性情绪的处理。我们同样使用大脑深部成像的方法记录了这两类细胞在痒觉中的反应规律,发现GABA能神经元在痒觉中即时被激活,而多巴胺神经元需要抓挠一段时间才会被激活。由此,我们假想GABA能神经元主要负责痒觉中负性情绪体验的成分,多巴胺神经元则是抓挠过程产生的奖赏,由此来缓解负性情绪。

为了证实这个猜想,我们做了一个有趣的实验,给小鼠戴上一种自制的脖套(collar),阻止它抓挠致痒剂注射部位的皮肤。在这个模式下,我们发现只有GABA能神经元被激活,而多巴胺神经元不能被激活,所以痒觉不能被缓解。我们进一步通过光遗传手段操控两种不同类型的神经元,发现可以对急性痒引起的抓挠行为的发生次数和抓挠间隔产生不同的影响。虽然光抑制GABA能神经元和光抑制多巴胺神经元都会引起抓挠次数的明显下降,光激活GABA能神经元和光激活多巴胺神经元也都会引起抓挠次数的明显增加,但GABA能神经元对急性痒的调控与光照起始几乎同步，可立即引起抓挠行为的改变，多巴胺神经元对痒觉抓挠的调控则相对光照起始有一定的时间延迟，随着抓挠行为的进行才逐渐展现出来。

这项研究从新的角度揭示了"痒并快乐着"的神经环路机制，为加深理解痒觉的中枢机理提供了理论依据和科学支撑，也为临床上慢性瘙痒症的治疗提供了新思路和理论指导。对于这项研究，我用另一个"阴阳鱼"表示（见图 9-9），痒觉的过程同时有负性和正性的情绪体验，在腹侧被盖区做一个整合，由腹侧被盖区不同类型的神经元来分别负责。

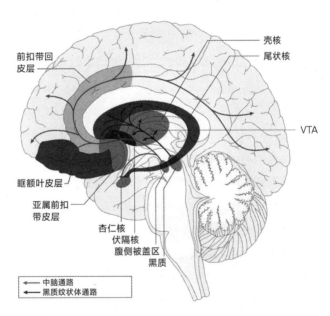

图 9-9　腹侧被盖区（VTA）不同神经元的分工

情感与动机的神经科学

在我的教学过程中，最重要的就是学习和记忆，我希望能够在这个过程中将知识传授给学生。

长久以来，人们知道情绪或者情感是可以促进学习与记忆的。我们做基础研究的人经常要做关于学习与记忆的实验，比如要让小鼠学会一个场景。怎么实现呢？就把它放在这个场景里面，然后电击它，产生惩罚性的情绪，下次它就能记住这个场景。

情绪或者情感是可以促进学习与记忆的。

这种记忆是非常有效的。我在读博士时做过一个实验，训练小鼠分辨不同的气味，如果它闻不出来，就做出惩罚，这样小鼠很快就能学会。

我们知道在古代的教育中，学生学不会就会被先生打板子。家庭教育中也有所谓"棍棒底下出孝子"的说法。但这样的教育方式在现代教学中是不能实行的，因为这个过程不人道，会给学生过大的应激，甚至使他们产生心理问题。那我们可以在学习的场景下实施偶联奖赏吗？这是我们实验室做的另一个实验，让小鼠执行一些任务，如果小鼠表现正确的话有糖水喝。结果发现，这个偶联奖赏也能促进小鼠的学习，但是效果会比偶联惩罚要慢一些，需要几天或者一两个星期小鼠才能学会。这样的原理对于日常的教育当然有借鉴意义，但如果总是在教育中通过奖赏去促进似乎也不是很好，总不能学生一学会就奖励，那就把学生宠坏了。有没有办法在科学原理上进一步解释奖赏促进学习这个事情呢？有奖赏的时候、愉悦的时候，我们的大脑里发生了什么？通过神经科学研究，我们知道，获得奖赏时脑内会有多巴胺的释放。那么有没有办法不通过现实的奖赏来促进脑中多巴胺的释放，而提高学习效率呢？

有一个办法是使用药物。其实在美国，有些学生会吃一种药，特别是在一些精英型的高中里，因为很多时候甚至需要把大学的知识学完，有些人就会靠这种药物短期提高学习成绩。另外，美国某些大学生在考试周的时候也吃这种药物。这个药叫利他林，它主要的作用原理就是增加大脑里的多巴胺，它可以让你非常专注，学习效果极大提高。但是这种行为在国内是违法的，因为利他林会引发一系列严重的情绪疾病。

那还有什么办法？2014 年，《细胞》杂志上的一篇文章告诉我们，社交可以极大地增加多巴胺的释放。这提示我们，在教育中增加社交互动的环节将对学习有极大的好处。比如在课堂上准备一些问题跟学生一起探讨，或者设计研究型的题目，让学生们四五个人组成一个小组去完成，有时会比单纯的传统教学效果要好很多。

增加多巴胺的释放可以促进学习，我们认为可以通过增加社交的环节来达到这一目的。那么接下来还存在一个问题，就是"学什么"。书本也好，课堂学习的内容也好，其实呈现的信息量是很大的，总是有很多东西要学。如果学生要平均地吸收所有的信息，其实也不利于学习，因此有效率的学习就是要解决如何凸显重要内容的问题。2018 年，我的朋友、一位斯坦福大学教授在《科学》杂志上发表了一篇文章。他们发现学习的过程需要有一个"显著性"的感受。什么是"显著性"呢？

比如，在一个场景里有很多绿色的苹果，其中有一个红色的，你一下就记住它了。其实在学习中，我们常常会用不同颜色的笔进行标注，这样可以促进学习。从这个科学原理出发，教学一定要有办法让学生感受到重点，而不只是 45 分钟的平铺直叙，这样学生是学不进去的。

我们实验室未来要做的工作是，研究与情感相关疾病的一些新的治疗策略。与情感相关的疾病是非常令人痛苦的，也很难治疗。比如，抑郁症患者的主要表现为情绪低落、快感缺乏、认知功能减退等，严重时甚至有自杀倾向。据统计，全球约有 4% 的人遭受抑郁症的困扰，给患者家庭和社会造成严重的负担。世界卫生组织把单一疾病对社会造成的成本做了一个归一化统计，发现单极抑郁是造成社会成本最大的一种疾病。另外，抑郁症会复发。电影明星罗宾·威廉姆斯（Robin Williams）就和抑郁症战斗了很多年，最后被抑郁症击败——他选择了自杀。

20 世纪以来，科学家们提出了抑郁症的单胺假说，认为抑郁症主要是由大脑里的血清素（5-HT）和去甲肾上腺素（NE）等之中的单胺降低导致的。以单胺假说为基础的 5-HT 摄取抑制剂（SSRI）、三环类抗抑郁剂（TCA）、NE 再摄取抑制剂（SNRI）等抗抑郁药在临床上得到广泛应用，它们通过增加突触间单胺类神经递质的浓度等来促进信号的传导。但这类药物在临床上表现出了低应答率和延迟性，所以使其应用受限，很多患者在长时间的等待过程中失去信心。更为严重的是，这些药物需要长时间服用才能起效。这个现象表明，这类药物并非一定是通过增加单胺类的原理达到了对抗抑郁症的效果，也就是说，我们现在有可能是基于错误的假说在进行临床实验。所以，我们在临床上迫切需要一种快速对抗抑郁症的方法，以减轻患者的痛苦，并达到长久对抗抑郁症的效果。

最近 20 年，有一种"神药"引起了大家的注意，那就是氯胺酮，它一开始是成瘾性的药物，被用于进行麻醉。大概在 1999 年，来自耶鲁大学附属的一家精神病院的伯尔曼医生把氯胺酮注射给抑郁症患者。患者在注射后的 72 小时内症状显著改善，这首次在临床上证实了氯胺酮具有快速抗抑郁的效果，对当时的抑郁治疗有着革命性的重大意义，并由此引发了科学家将近 20 年的研究。他们从神经生物学、药理学等各个层面揭示了氯胺酮抗抑郁的机制，其中不乏很多争议和矛盾，而恰恰是这些争议和矛盾驱使了基础和临床研究一步步前进，让我们对抗抑郁的神经环路、临床用药指导等有了更深的理解。其中非常值得注意的是，近些年来浙江大学胡海岚教授对外侧缰核的研究加深了我们对氯胺酮抗抑郁作用的理解，为抗抑郁提供了很多像 T-VSCCs、Kir4.1 这样的潜在靶点。

神经系统非常特殊，临床上某些神经退行性疾病几乎没有很好的药物治疗方式，但我们可以通过物理刺激的方法得到很好的疗效，不仅可以改善运动症状，对认知和情感这样的高级认知功能改善也有很好的效果。其实这就是所谓神经调控技术的一个新兴领域的研究内容。近年来，神经调控技术已经成为神经科学与生物医学工程相结合的、发展最快的一个交叉学科，也成为科学研究、临床治疗和医疗器械投资的重点关注对象。神经调控技术在临床上已经广泛应用于以帕金森病为代表的运动障碍性疾病，另外还拓展到了慢性痛、抑郁症、成瘾等神经系统疾病上，并且都取得了不错的效果。对帕金森病人进行大脑深部刺激非常有效，病人所有的症状会在瞬间消失，还可以做非常精巧的动作，令人难以想象。

从现代神经科学之父卡哈尔在光学显微镜下描绘出一幅幅大脑的解剖图开始,人们就知道,即使在一个非常小的区域,也有很多类型的神经元存在,它们有的是兴奋性的,有的是抑制性的,传统的物理方法并不能实现精确地控制大脑中给定区域的特定类型的神经元。许多年来,神经科学家们一直在孜孜以求地探索精确控制大脑特定类型神经元的方法。现在有一个新的技术叫光遗传学,可以用光的方法做更精确的治疗,以刺激特定类型的细胞。

如今,光遗传学已经成为神经科学家日常使用的一项技术,它有很多优点:首先,它的技术门槛较低,操作方便,使得以前专注于生化和分子的实验室也可以进行神经环路的控制。其次,通过病毒介导的基因工程技术,可以实现光遗传学元件在特定神经元里的高效表达,然后就能用定位的光纤来局部刺激细胞,也可以设计光学器件来大范围地刺激脑区。麻省理工学院的利根川进实验室结合基因工程和光遗传学,发展了可人为重新激活编码特定刺激的神经元组合(engram cells)的技术,在小鼠上实现了诸如"盗梦空间""记忆移植"等效果。另外,很多研究者尝试利用光遗传学手段来研究各种神经疾病的成因,例如帕金森病、抑郁症、恐惧症、焦虑症的神经环路机制。光遗传学在神经疾病研究中的应用将进一步揭示这些复杂疾病的成因,相信未来我们会发现可进行药物开发的新的靶点。

光遗传学的发展和应用也激发了科学家更多的想法,比如为什么光能够开放或关闭离子通道,它是否也可以调节基因表达?另外,光刺激很多时候还是要通过光纤来把光传递到脑组织。如果能发展基于超声或磁场变化被激活的蛋白元件,就有可能无线遥控式地刺激大脑中特定的神经元。这就是方兴未艾的声遗传学和磁遗传学研究，相信在不久的未来会取得进展。

我们将结合动物实验与人类的样本，通过单细胞测序与质谱等技术去探寻抑郁症的产生过程中发生了哪些基因变化、今后可不可以用基因编辑来更改这些基因等问题。相比其他细胞，大脑神经元有一个好处是终末分化，这样一来基因编辑的使用可能会面临较少的伦理学问题。那么，未来结合物理的方法和基因编辑的方法，是否可能达成对大脑非常精确的操控，让大家都变成非常积极向上的人？

基因工程 + 光遗传学 → 改写大脑，编辑情绪？

编辑情绪，治愈情感疾病的新策略

　　情感与动机塑造了我们的思想、感受和行为。有关情感表达、体验、调节的神经科学机制一直是神经科学家们想要解开的谜题。神经解剖学、神经生理学、光遗传学……我们见证了科学工作者们如何利用不断更新的研究手段和不断积累的对脑的认识，将情感与动机的研究步步推进。我们实验室的工作表明，正性情绪与负性情绪在大脑中一些重要的脑区进行整合。但到目前为止，关于情感与动机的神经机制仍然有许多尚未完全明确的地方。

　　神经调控技术可能会对与情感相关的疾病带来非常好的疗效。但这样的新技术拥有新机遇的同时，也面临着相应的伦理风险。现有的神经调控技术仍然基于主动设置刺激参数的方式来进行调节，如果未来能够引入深度学习等人工智能的方法，就有可能实现对人脑更为精确有效的刺激。神经调控技术方兴未艾，为疾病的治疗带来了许多新手段，但与任何事物一样，它也可能带来许多人们现在意想不到的后果，甚至引发伦理问题。随着对人脑功能的进一步了解，神经调控技术有可能通过刺激的方式直接使人产生快感，也可能直接导致焦虑、抑郁，甚至暴力攻击行为，这是否侵犯了人之所以为人的自由意志？这样的控制事关个体的独立和尊严，因此需要政府、学术界和工业界一起思考相关的伦理风险，才能真正促进神经调控技术的发展和应用。

推荐阅读

《脑与意识》

● 全世界极具影响力的认知神经科学家、欧洲神经科学领军人、"神经科学领域的诺贝尔奖"大脑奖得主斯坦尼斯拉斯·迪昂（Stanislas Dehaene）重磅新作。

● 中科院院士、核物理学家、浙江大学教授唐孝威倾情作序，北京大学校务委员会委员周晓林、复旦大学生命科学学院退休教授顾凡及、浙江大学哲学系教授李恒威、果壳网 CEO 姬十三、苇草智酷创始合伙人段永朝盛赞推荐！

终极智能为什么必须需要哲学？

PHILOSOPHY

CH
MIND

EERS
THON

人工智能最大的特点就是
它连自己是什么都不知道。

徐英瑾

复旦大学哲学学院教授

关于人工智能哲学，在我本人所撰写的著作中，最重要的是 2013 年由人民出版社出版的《心智、语言和机器——维特根斯坦哲学与人工智能科学的对话》。我关心的主要问题是：如何站在哲学的角度，给出一个合理的、对于认知活动的高层次描述？在我看来，人工智能哲学与许多研究认知科学的兄弟学科分享着同样的研究对象，只是话语体系彼此有差异罢了。

哲学研究的三大基本任务

哲学究竟能够为人工智能做什么？在回答这个问题之前，我们需要先来看看哲学研究的基本任务是什么。

第一大任务是：思考大问题，澄清基本概念。这里所说的"大问题",即极具基础意义的问题。比如,数学哲学家追问数学家"数"的本性是什么,物理学哲学家追问物理学家"物质""能量"的本性是什么,生物学哲学家追问生物学家"生命"的本性是什么。与哲学家相比,一般的自然科学家往往只是在自己的研究中预设了相关问题的答案,却很少系统地反思这些答案的合法性。搞科学研究的人偶尔也会想大问题,比如他们会在做实验的间歇一边休息一边想,但想了5分钟后他们会继续做实验,而那个大问题本身却被抛诸脑后了。但是对于哲学家来说,这些大问题是需要想一辈子的。举例来说,数学家可能会考虑这样一个大问题:数量化的刻画究竟是存在于柏拉图世界中的某种理想化的存在者,还是我们人脑想出来的用于刻画物理世界的一种工具机制呢?可能一部分数学家偶尔会想到这个问题,但他们不会像数学哲学家那样持续地思考这个问题。生物学家或许也会想:怎样定义"新陈代谢"呢?电子游戏里刻画的人工生命,是不是也具备生命的特征呢?这些生命科学家偶尔想想的问题,却是生物学哲学家的安身立命之所在。

第二大任务是:在不同学科的研究成果之间寻找汇通点,而不受某一具体学科视野的局限。比如,科学哲学家往往喜欢追问这样的问题:如何汇通生物学研究的成果和化学研究的成果?是不是所有的生物现象都可以还原为更为微观的化学现象?而所有的化学现象,是否又可被还原为更为微观的微观物理学现象?或者是否存在一种不同于"还原论"的汇通方式?相比较而言,职业科学家对于这些跨学科问题虽或偶有反思,但往往也不够系统和深入。当然,我个人认为这是理想的哲学研究应该具备的状态。举例来说,亚里士多德到底是什么学术身份?一句话难以说清楚。亚里士多德的第一身份是马其顿王国的宫廷御医,他是懂医学的；而亚里士多德同时也是一位修辞学家、语言学家，著有《论灵魂》《工具论》等作品。当时的科研条件非常原始，他却能拥有如此多的成就，很了不起。亚里士多德的所有想法在其著作《形而上学》和《物理学》中有统一的根苗，换言之，他用一个统一的话术将这些想法连缀为一体，分化成每一个具体学科之后再用《形而上学》与《物理学》所提供的某种话术来托底。这就是亚里士多德所做的工作。现在的哲学界很少有像亚里士多德这样的人，因为现代社会知识爆炸，人类的寿命也没怎么增长，哲学家又没有脑机接口，我们还是要靠原始脑工作。所以能够做两三个学科领域之间的汇通就很不容易了。不过，学科汇通的想法在哲学领域一直是存在的。

第三大任务是：重视论证和辩护，相对轻视证据的约束。评价哲学工作优劣的标准，主要是看一个哲学论证本身的合理性和常识可接受性，一般不用受到严格的科学证据检测。对于科学而言，合理的辩护程序却必须和实打实的经验证据相互匹配，否则得出的结论就无法被科学共同体接受。这种差异固然使得哲学工作的自由度要远大于科学工作的自由度，但另一方面也使得哲学争议往往不如科学争议那样，容易获得学科共同体内部的一致意见。

就目前的情况而言，哲学和科学之间的确不太容易对话。即使我做的是科学哲学研究，所做的研究也与科学不同。科学家问我：你们科学哲学家做实验吗？我说我不做。他们又问：那你们的研究方式是什么？我说：看你们做实验。打个比方来说，我是一个剧评家。你问我：你拍剧吗？我说：我不拍剧，我只做剧评。或者说，我不酿酒，但我品酒，而品酒也是一个行当。哲学不做实验，但是要对他人的实验进行解释，这个时候就需要重构，要有一套话术。比如，一些神经科学家想做实验来证明世界上没有自由意志，一些哲学家被他们说服了，另一些哲学家则认为这些实验涉及的"自由意志"与哲学家所说的"自由意志"不是一回事。显然，如何把这个问题说清楚就涉及了话术重构的艺术。也正因为哲学家往往对证据采取重新解释的态度，所以哲学家的工作比较自由、灵活，而此类研究所消耗的社会财富也比较少。

所以我个人认为，真正的哲学家应当像《论语》中所说的那样，"君子不器"，同时对敌对的哲学观点保持一种绅士风度。

为何科学训练排斥哲学训练？

对于哲学训练，很多搞科研的人都有所排斥。因为哲学家想法比较多，喜欢另辟蹊径，总觉得某件事有另外一种做法。而对处于学徒期的科学入门者而言，这样的"想入非非"是要被师父责骂的。毋宁说，科学的初学者需要对范式加以服从，如果他像哲学家一样一天到晚大开脑洞，或许不利于对科学知识的掌握。为什么这样说呢？第一，对处于学徒期的科学入门者而言，学会服从既定的研究范式是其第一要务，对这些范式的"哲学式怀疑"则会导致其无法入门；第二，严格的一级、二级、三级学科分类导致学生们忙于如何熟悉特定领域内的研究规范，而无暇开阔视野、浮想联翩；第三，对于权威科学模式的服从，在一定程度上压制了那些离经叛道的"异说"的话语权（与之相比，哲学界内部对于"异说"的宽容度会高一些——只要你的论证符合一般的论证规范，任何古怪的观点都可以自由提出），实际上也压抑了学术创新的可能性。

人工智能需要哲学吗？

人工智能需要哲学吗？我觉得非常需要。人工智能最大的特点就是：关于这门学科自己的定位，很多专业人士都不是很清楚，比如人工智能到底是工科还是理科呢？连这个都不知道，难道还不需要哲学帮你开脑洞吗？

20世纪50年代，艾伦·图灵（Alan Turing）在英国哲学杂志《心智》（*Mind*）上发表了论文《计算机器与智能》（*Computing Machinery and Intelligence*）。他在文中提出了著名的"图灵测试"（Turing Test）思想。此文涉及了对"何为智能"这个大问题的追问，并试图通过一种行为主义的心智理论，最终消弭心理学研究和机器程序设计之间的界限，同时还对各种敌对意见提供了丰富的反驳想法。这些特征使得这篇论文不仅成了 AI 科学的先声，也成了哲学史上的经典之作。

然而，人工智能从某种意义上说还能上溯到柏拉图。现在不少人都说要研究知识图谱，还有人说深度学习的技术不够，要和知识图谱结合在一起才行。而知识图谱的鼻祖就是柏拉图，他在《智者》中讨论了"智者"的定义（这里的"智者"就是今天律师的祖先）。在相关的定义过程中，柏拉图发明了二分法，比如以下提问所涉及的问题分叉术：智者是不是人？要么是，要么不是，有两种可能。然后再问：若是人，是怎样的人？是有学问的人，还是有没学问的人？于是又有了两种可能。再继续二分下去，最后一步是分析到"智者"。今天，计算机研究中流程图的构建，学习的正是柏拉图的思路。

计算机研究中流程图的构建，学习的正是柏拉图的思路。

说完了古人，我们还得说说现代人。1956 年发生了一件大事，这和我们今天做的事情很像。那一年的夏天，在美国达特茅斯学院（Dartmouth College），一群志同道合的学者驱车赴会，畅谈如何利用刚刚问世不久的计算机来实现人类智能的问题。洛克菲勒基金会则为这次会议提供了 7 500 美元的资助（这些美元在当年的购买力可非今日可比的）。会议筹备期间，约翰·麦卡锡（John McCarthy）建议学界以后就用 AI 一词来代表这个新兴的学术领域，与会者则附议。值得一提的是，在参加此次会议的学者中，有 4 个人后来获得了计算机领域的最高学术奖励——图灵奖。这 4 个人是马文·明斯基（Marvin Minsky，1969 年获奖）、艾伦·纽厄尔（Allen Newell，1975 年获奖）、赫伯特·西蒙（1975 年获奖），还有麦卡锡本人（1971 年获奖）。从这个意义上说，1956 年的达特茅斯会议无疑是一次名副其实的"群英会"。参加达特茅斯会议的人中虽然没有职业哲学家，但这次会议的哲学色彩依然浓厚。首先，与会者都喜欢讨论一个大问题，即如何在人类智能水平上实现机器智能（而不是如何用某个特定的算法解决某个具体问题）。其次，与会者都喜欢讨论不同的子课题之间的关联，追求一个统一的解决方案（这些子课题包括自然语言处理、人工神经元网络、计算理论、机器的创造性等）。应当看到的是，不同的学术见解在这次会议上自由碰撞，体现了高度的学术宽容度，这就是所谓的"哲学化"的研究特质的一种体现。让人欣慰的是，这些哲学化特质在美国日后的 AI 研究中也得到了保留。

上文中提到的这些人虽然不能算严格意义上的哲学家，但他们多少有一些哲学头脑。赫伯特·西蒙是图灵奖和诺贝尔经济学奖的双料获得者。就连来不及参加此会的计算机科学大师冯·诺伊曼，其实也是如假包换的跨学科人才。他研究计算机、数学，还研究原子弹。在曼哈顿工程的研究过程中，他的跨学科能力得到了发挥：当化学家、物理学家、数学家就具体科学问题吵得鸡同鸭讲的时候，冯·诺伊曼可以把不同的学科的话术翻译给不同的人听，大家听了都深感佩服。

为何 AI 科学对哲学的宽容度相对较高？

首先要指出的是，关于 AI 的实质是什么、"智能"的实质是什么，即使在 AI 的圈子里，大家最初的认知也有很大差异。比如，如果你认为智能的实质是具体的问题求解能力，那么你就会为你心目中的智能机器规划好不同的问题求解路径（这就是主流符号 AI 学界所做的），而每一条路径又对应着不同的问题。如果智能的实质是一个具体的问题求解能力，你就会像一个传统的符号 AI 研究者一样，把它做成一个规则系统推导出来。这就是 GPS 研究计划。这里说的 GPS 与导航无关，而是指"通用问题求解器"（general problem solver）。如果你认为实现智能的实质是尽量模拟自然智能体的生物学硬件，你就会努力钻研人脑的结构，并用某种数学模型去重建一个简化的神经元网络（这就是联结主义者所做的）。如果你认为智能的实质仅仅在于智能体在行为层面上和人类行为相似，那么你就会用尽一切办法来填满你理想中智能机器的"心智黑箱"（无论是在其中预装一个巨型知识库，还是使其和互联网接驳，以便随时更新自己的知识——只要管用就行）。由此看来，正是因为自身研究对象的不确定性，AI 研究者在哲学层面上对于"智能"的不同理解才会在技术实施的层面上产生如此大的影响。很明显，这种学科内部的基本分歧在相对成熟的自然科学领域是比较罕见的。

> 如果你认为智能的实质仅仅在于智能体在行为层面上和人类行为相似，那么你就会用尽一切办法来填满你理想中智能机器的"心智黑箱"。

其次，AI 科学自身的研究手段缺乏删除不同理论假设的决定性判决力，这就在很大程度上为哲学思辨的展开预留了空间。AI 和物理学是不一样的。物理学历史上有一个很重要的实验叫"迈克尔逊－莫雷实验"，实验结果是没有"以太风"，所以就没有"以太"，由此颠覆了此前的物理学的认知。而人工智能领域是没有这种判决性实验的。与物理学家不同，AI 科学家一般不做实验（experiment），而只做试验（test）。就这一点而言，这门学科似乎更像是"工科"（engineering），而非"理科"（science）。具体来说，判断一个 AI 系统好不好，标准就在于检验其是否达到了设计者预定的设计目标，或者是否比同类产品的表现更好。但这些标准自身无疑存在着很大的弹性。另外，即使暂时没有达到这些标准，这一点也不能够证明系统设计原理的失误，因为设计者完全可能会根据某种哲学理由而相信，基于同样设计原理的改良产品一定能有更好的表现。从这个角度看，对于特定的 AI 进路来说，经验证据的辩护功效更容易得到形而上的哲学辩护力的抵消。

再次，关于人类心智结构的猜测，哲学史上已经积累了大量的既有成果，这在一定程度上便构成了 AI 研究的智库。与之相比，虽然心理学和神经科学研究也能在一定程度上扮演这种智库的角色，但它们的抽象程度不如哲学，解释对象又主要是人脑的生理机能，因此反而不太具备某种横跨心灵和机器的普适性。

最后，与成熟科学的研究状况不同，目前 AI 学界依然处在群雄争霸的阶段，各种研究进路彼此竞争，很难说谁已经获得了绝对的优势。这在一定程度上又为哲学家提供了在其中表演的舞台。

从以上的分析来看，人工智能有点像人文学科，它有一个话术构建的问题。也就是说，即使现在这个技术路径做得不好，也不要怕，再过20 年的时间，说不定该技术路径能够赢得未来。这个特征就有点像哲学了。哲学问题讨论了 2 000 多年，也没有哪个哲学流派说自己可以一统江湖。所以，人工智能专家应当与哲学家惺惺相惜。

下面我想介绍一位与 AI 有关的哲学家，他的名字叫休伯特·德雷福斯（Hubert L. Dreyfus），是美国加州大学伯克利分校的哲学教授，美国最优秀的现象学家之一，在海德格尔哲学、福柯哲学、梅洛–庞蒂哲学研究方面很有造诣。让人惊讶的是，以欧陆人本主义哲学为背景的德雷福斯，却创作出 AI 哲学领域最富争议的一部著作《计算机不能做什么》（*What Computers Still Can't Do*）。这部著作也使德雷福斯在 AI 领域的社会影响超越了他的学术本行。那么，他为何要转行去写一本关于 AI 的哲学书呢？根据德雷福斯自己和其他记者的说法，这和他在麻省理工学院教学时受到的一些刺激相关。在 1962 年，就有学生明白地告诉他，哲学家关于人性的思辨已经过时了，因为根据马文·明斯基等 AI 科学家的说法，在不久后就可以用工程学的方法实现人类智能的方方面面。德雷福斯觉得这话近乎天方夜谭，但为了做到公允，他还是在不久后去了美国的顶级民间智库兰德公司（Rand Corporation）进行调研——因为恰恰在那个时候，西蒙、纽厄尔和克里夫·肖（Cliff Shaw）等 AI 界的顶级大腕也正在那里从事研究。经过一段时间的分析，德雷福斯最后确定自己对当时的 AI 规划的怀疑是有根据的，并在 1965 年扔出了他掷向主流 AI 界的第一块"板砖"——《人工智能与炼金术》（Artificial Intelligence and Alchemy）。德雷福斯对于主流 AI 进路有很多批评意见，其中比较有意思的一条是：真实的思维是不能够被明述的程序所穷尽的。比如说你在打网球的时候，是不是得先看到球，然后计算其入球的角度，计算你的球拍接球的角度以及速度，最后才能够接到球？显然不是这样的，因为由上述计算所带来的运算负荷是很高的，我们人类的大脑未必"消费得起"。实际上，熟练的网球手仅仅是凭借某种前符号规则的直觉领悟来把握到接球的正确时机的。而对于这些直觉本身，传统的程序设计方案往往是无能为力的。

不过，德雷福斯本人并不认为所有的 AI 进路都无力解决上述问题。换言之，一些更为新颖的 AI 进路或许能够对如何把握这些前符号的直觉提供方案。他认为，这些进路必须更为忠实地反映身体的结构，以及身体和环境之间的互动关系，而不仅仅是在符号的内部世界中打转。这个想法后来在 AI 专家罗德尼·布鲁克斯（Rodney Brooks）的理论建树中被发扬光大。根据布鲁克斯的观点，新潮 AI 是建立在物理根据假设（physical grounding hypothesis）之上的。该假设是指为了建立一个足够智能的系统，我们需要将其表征的根据奠定在物理世界之中。关于这一工作路径的经验表明，一旦我们做出了这个承诺，那种对于传统符号表征的要求就会马上变得黯淡无光。这里的核心观点在于，世界就是认知系统所能拥有的最好的模型。世界一直能够及时更新自身。它总是包含需要被了解的一些细节。这里的诀窍就是，要让系统以恰当的方式感知世界，做到这一点往往就足够了。为了建立体现此假设的模型，我们需要让系统通过一系列感知器和执行器与世界相联系。而可被打印的字符输入或输出将不再引起我们的兴趣，因为它们在物理世界中缺乏根据。

框架问题，传统 AI 中最典型的哲学问题

常识告诉我们，用手抓起积木只会改变积木的位置，不会改变积木的颜色和大小，因为手抓积木这个动作与被抓对象的颜色和尺寸无关。但一个 AI 系统又如何能知道这一点呢？除非你在定义"抓"的动作时说清楚，这个动作一定不会引起什么。但这种定义必然是非常冗长的，因为这需要你事先将事物的各个方面都罗列清楚，并将这些方面在相应的"框架公理"中予以排除。很显然，对于命令"抓"的任何一次执行，都会调用这些公理，从而使系统在执行任何一个简单任务时都会消耗大量的认知资源。然而，我们又都期盼系统能够用比较少的资源来解决这些看似简单的任务。这就构成了一个巨大的冲突。

但是对计算机来说，这些相关性与不相关性，是需要做成语义知识一条一条输入机器的，这个过程非常消耗资源。人类就不会这样傻，因为人类有对语义相关性的直觉把握，计算机却没有。这里所说的"语义相关性"究竟是怎么一回事呢？这个问题的实质是：既然计算机只能在

句法运作的层面上根据符号的形式特征进行操作，它又是如何理解自然语词之间的内涵性语义关联的？这看上去很难，因为句法层面上的简单化的形式操作与语义的丰富性之间，似乎有着很大的差距。

不过，如今框架问题不再被人谈论了，尽管该问题曾经是一个重大问题。为什么现在大家都不谈论这个问题了呢？因为大家都在研究深度学习，深度学习往往是感知层面的，离高层语义处理比较远。但是否因为一个问题不被谈论，它就不存在了呢？不是这样的。有些哲学家甚至认为任何计算机制都是搞不定框架问题的，比如杰里·福多（Jerry Fodor）。

我想沿着福多的思路多说几句。我自己的博士论文的内容就是关于语言哲学的，所以对人工智能研究中的自然语言问题处理非常感兴趣。关于自然语言处理，人们谈论得比较多的是谷歌翻译，而我的感觉是，谷歌翻译其实远没有达到理想的机器翻译的水准。我提出的问题是：像谷歌翻译那样基于深度学习的自动翻译技术，是否能够真正理解人类的语言？为了回答这个问题，不妨让我们回顾一下柏拉图的《美诺篇》。在柏拉图笔下，一个从未学过几何学的小奴隶在苏格拉底的指导下学会了几何证明。由此引发的问题是：小奴隶的"心智机器"在可能的"学习样本缺乏"的情况下，究竟是如何获取关于几何学证明的技能的？后世的语言学家诺姆·乔姆斯基（Noam Chomsky）则沿着柏拉图的思路，提出了一个类似的问题：0 ~ 3岁的婴幼儿是如何在语料刺激相对贫乏的情况下学会复杂的人类语法的？换言之，按照柏拉图－乔姆斯基的看法，任何一种对于人类语言能力的建模方案，如果无法具备对于"刺激的贫乏性"（the poverty of stimuli）的容忍性，那么相关的建模成果就不能说是具备对于人类语言的理解能力的。

若按照这样的标准去衡量，我们是否可以认为目前基于深度学习的机器翻译技术是能够理解人类语言的？答案是否定的。实际上，已经有专家指出，目前的深度学习机制所需要的训练样本的数量应当是"谷歌级别"的。换言之，小样本的输入往往会导致参数复杂的系统产生"过度拟合"（overfitting）的问题（也就是说，系统一旦适应了初始的小规模训练样本中的某些特设性特征，就无法灵活地处理与训练数据不同的新数据）。而就语言本身来说，"新数据与训练数据不同"恐怕会是某种常态，因为能够根据既有的语法构造出无穷多的新表达式，本就是一切自然语言习得者都具备的潜能。换言之，无论基于深度学习技术的机器翻译系统已经通过多大的训练量完成了与既有数据的"拟合"，只要新输入的数据与旧数据之间的表面差距足够大，"过度拟合"的幽灵就一直会在附近徘徊。

为了验证我对于目前深度学习的自动翻译机制的这种判断，我们不妨来检测一下目前最受业界好评的谷歌在线翻译页面的翻译效能。根据维基百科的介绍，谷歌公司从 2006 年就开始运用统计学原理提供在线翻译服务，而在 2016 年，相关技术已经被升级为所谓的"端对端人工神经元网络"（end-to-endartificial neural network），也就是某种自带工作记忆架构、能够依据海量的语用案例而对整句进行翻译的深度学习机制。[1] 按理说，既然谷歌翻译所获取的训练量如此之大，就不会发生"过度拟合"的问题。但实践表明，只要我们"喂入"翻译机器的源语言文本具有一定的语法复杂性与专业性，源语言与目标语言之间的语法差距

1　谷歌公司自身对于"谷歌翻译"的介绍请参看：https://translate.google.com/about/intl/en/about/。"谷歌翻译"的界面所在网页是：translate.google.com。

比较大，而两种语言之间实际发生的翻译实践的实例也比较少时，谷歌翻译就立即会出丑。请看表 11-1 所反映的谷歌翻译的"汉译日"性能。

表 11-1 "谷歌翻译"的"汉译日"结果与人类译员的翻译结果对照表

源语言[1]	"谷歌翻译"所给出的日语译文	人类译员给出的官方日语译文[2]
习主席指出，中日互为重要近邻。中日关系健康发展，关系着两国人民福祉，对亚洲和世界也具有重要影响。今年是中日邦交正常化 45 周年，明年是中日和平友好条约缔结 40 周年。双方应增强责任感和使命感，本着以史为鉴、面向未来的精神，排除干扰，推动两国关系朝着正确的方向改善。	大統領は Xi が中国と日本は重要な隣国であることを指摘しました。健康的な中日関係の発展、両国人民の福祉との関係だけでなく、アジアと世界に重要な影響を持っています。国交正常化 45 周年である今年、来年は中日平和友好条約の締結 40 周年です。双方は、責任と使命感を高め歴史から学び、精神の将来に直面しての精神、干渉を排除し、右方向への二国間関係を改善する必要があります。	習主席は、「中国と日本は互いに重要な隣国同士だ。中日関係の健全な発展は、両国国民の幸福に関わることであり、アジアと世界にも重要な影響を及ぼす。今年は中日国交正常化 45 周年にあたり、来年は中日平和友好条約締結 40 周年だ。双方は責任感と使命感を強め、歴史を鑑として未来志向の精神で、妨害を排除し、両国関係の正しい方向への改善と発展を推進しなければならない」と述べた。

　　任何一个初习日语的读者都应当能够看出，谷歌翻译给出的译文

1　这段语料采自《人民日报》2017 年 7 月 9 日"要闻 2 版"，标题为《习近平会见日本首相安倍晋三》。

2　这段语料采自"人民网日语版"对于 2017 年 7 月 9 日"要闻 2 版"的报道《习近平会见日本首相安倍晋三》的翻译。浏览网址：http://j.people.com.cn/n3/2017/0709/c94474-9239155.html。

在很多方面是不能令人满意的。譬如，在日语中主语之后一般加主词"は"以示主谓之分界。而在源语句的主语本身比较长的情况下，如何在译句中恰当的位置加入"は"则非常考验译者的理解能力。很遗憾的是，谷歌翻译在这个问题上没有给出正确的解答[1]。而更麻烦的是，谷歌翻译似乎没有理解：汉语中"习主席指出"五个字后面的所有内容都是习主席的讲话内容。而且，它还在这种误解的基础上将"中日互为重要近邻"这句话后面的内容全部当成是与前一句无关的。与之相比，人类译者给出的日语译文则将习主席的话全部放入引号内，并将汉语中的"指出"翻译为"述べた"置于段尾，以适应日语"动词后置"的习惯。

尽管谷歌翻译的页面设置了"提供修改建议"的按钮来为译文质量的提高提供某种可能性，但我们仍然可以认为这样的处理方案恰恰表明谷歌翻译是缺乏"语言智能"的，理由如下：第一，人类译者所提供的修改建议反映的是人类的语言智能，而谷歌翻译对于人类语言智能的依赖恰恰表明它并不是真正的"智能创生器"。也就是说，它无法根据数量有限的学习样本自己学会汉－日翻译，因此，它也就无法跨过前文讲到的"刺激贫乏性"门槛（毋宁说，对谷歌翻译来说，无论多大量的语料输入都是"贫乏"的）。第二，我们没有任何理由保证人类译者会在网络上提供足够量的且合格的汉－日对照文本，以提高在线翻译平台的输出质量（实际上，优秀的小语种译者目前依然是国内相对稀缺的人力资源）。第三，更麻烦的是，即使有人愿意贡献海量资金、雇用大量合

1　因为谷歌所提供的译文无法理解在第一个句号出现之后出现的短语"中日关系的健康发展"是一个长句的主语，而标准日语译句"中日関係の健全な発展は、……"则抓住了这一点。

格人力来校订译文，这样的努力依然会因为以下两点原因而变得于事无补：

- 可能存在的合乎语法的汉语表达方式是无穷多的，因此，与之对应的可能的日语译文数量也是无穷尽的。除非机器能够在已经给出的中日对比译本与新源语言材料之间建立起有效的类比，否则，这种基于数据驱动的机器翻译机制必然会置系统自身于"以有涯追无涯"的窘境。

- 关于人类语言的另一个基本事实便是：你很难预先估计眼前看到的语言表达式与你已经习得的表达式具有多大程度的字面上的相似性（实际上，你可以自由构造出任何一个迭代的从句结构来破坏这种肤浅的相似性，比如通过不断插入修饰语而将一个名词表达式变得很长）。而基于"自下而上"的工作方式的深度学习翻译机制，往往会因为新表达式在字面上与旧表达式的"肤浅的差异"，而使得旧有的"学习经验"迅速贬值。与之相比，人类的目光却总是能够穿透这种"肤浅的差异性"而捕捉到某种更深刻的相似性，并由此使得某些固有经验在新语境中重新体现其价值。

> 未来人工智能需要做的事情：研究通用人工智能，而不是仅仅研究专用人工智能。

未来人工智能真正需要做的事

● 研究通用人工智能,而不是仅仅研究专用人工智能。
  由于专用人工智能研究与通用人工智能研究彼此立场方法不同,无法自动拼凑出通用人工智能,所以我们目前非常需要顶层设计。

● 认知语言学理论的算法化。
  认知语言学是语言学中对人类认知图式有很多细致研究的一个分支,但是目前尚缺合理的算法化路径,因此需要加以算法化研究。

● 基于意义的普遍推理引擎的建立。
  目前语义处理与句法处理在计算机科学中是分离的,我们需要的是某种一揽子解决方案。

- 节俭性算法与上述推理引擎的结合。

  现在大家都在鼓吹算力要提高，硬件性能要提高，但关键问题是算法本身如果是基于节俭性原则的，我们对硬件的依赖性或许能够降低。现在对于算法的节俭性的关注太少了。

- 结合认知心理学研究，加入人工情绪等新要素。

  目前的人工智能情绪研究主要还是涉及对人类情绪的计算机解读，而不是如何将情绪加入计算机系统中去，帮助提高系统运作的效率。

总之，关于未来的人工智能研究，还有大量的艰难课题在等着我们。在我看来，没有根据的科研乐观主义是不可取的。

《情感机器》

● 情感是人类特有的一种思维方式，如果机器具备了情感，是不是就可以取代人类？人工智能之父马文·明斯基（Marvin Minsky）在《情感机器》中有力地论证了：情感、直觉和情绪并不是与众不同的东西，而只是一种人类特有的思维方式。

● 通过对人类思维方式建模，作者为我们剖析了人类思维的本质，为大众提供了一幅创建能理解、会思考、具备人类意识、常识性思考能力甚至自我观念的情感机器的路线图。

网络智能如何通过诚实的信号涌现？

NETWORK
INTELLIGENCE

CH
MIND

EERS
THON

网络智能给予我们的
是 "上帝视角"。

张子柯

杭州师范大学阿里巴巴复杂科学研究中心教授

在现有的学科分类中，网络科学并不隶属于任何学科。人们普遍认为，网络科学虽然与很多学科相关，但是它所研究的问题依然不十分明确。从这两年的一些成功应用来看，网络科学包罗万象，是很多学科发展甚至进阶的重要基础。而且，随着科研的不断深入，网络科学的研究正与人工智能更紧密地结合在一起，那么，人工智能的发展如何通过网络科学进行深度迭代？又将绽放出何种诱人的应用前景？想要回答这些问题，我们就不得不回到网络科学的源头，探究它最关键的四大特性。

绕不开的四大复杂特性

谈到网络科学，必须先了解它的四个特性：非线性、涌现性、不确定性和自组织。这四个特性又大致可以分为两类，一类是线性的、可追溯的，另一类是非线性的。一些线性特性，诸如涌现性、不确定性和自组织，都是由非线性所导致的。

涌现性有点儿像道家所讲的"有生于无"，指一些微观无法表达的问题，通过涌现的方式可以得到。

在人工智能领域，不确定性是一个很值得研究的特性。之所以这样说，是因为对于机器智能来说，掌控不确定性是取得技术突破的关键。虽然我们逐渐找到了处理不确定性的一些方法，但是仍然没有完全攻克这个难题。所以，我们不得不回归网络科学本身，去探究不确定性的基本原理。在确定性的理论中，不确定性的现象会一直存在。也就是说，所有个体都会按照一个已知的、确定的规则运行，或者模拟这个规则运行，但是每一次运行的结果是不可重复的。由于每一个结果都是不可预测且不一样的，这就给我们带来很大的难题。假设存在"上帝视角"，不停地为我们的世界做模拟，那么即使宏观上的前提条件都是一样的，最终微观具象的图片也会呈现出不一样的结果（见图 11-1 ）。

所谓的自组织就是一个在没有受到外力的情况下独立存在的封闭系统，通过其内部的作用力可以形成宏观的特点。

实际上，在网络科学领域，许多研究工作都围绕着四大特性展开，这些特性使我们能够不断地去研究自然世界和人类社会的发展，进而做出科学的解释。

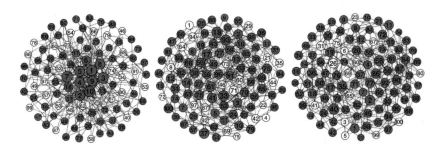

图 11-1　传播模型模拟结果示意图

注·灰色为感染节点，白色为未感染节点。三张子图都遵循同一个确定性规则运行，最后涌现的宏观特性也是相同的。但具体到某个个体，每次模拟的结果都具有不确定性(即感染还是未感染)。

网络科学，21 世纪的交叉学科

现在，计算机科学、物理学、管理学、心理学等许多学科的学者都在从事网络科学的研究，形成了很多研究方向。下面介绍的是其中几个比较典型的应用。

社交网络：社交网络是现代信息传播的一个重要载体。现代社会中一系列重大事件的发展，无一不伴随着社交网络上的广泛传播，例如舆论新闻的扩散、社会观点的形成、突发事件的应对等。不仅如此，社交网络上的信息传播还能从一定程度上反映其他系统的变化趋势，如人类社会中的流行病传播、股票市场的价格波动等。不同类型的信息之所以能在社交网络上快速传播，一方面取决于信息本身的内容价值，另一方面是因为社交网络独特的组织结构，允许重要性不同的信息在全网范围内迅速蔓延。相比于以往，在社交网络中，个体之间建立并保持联系所花费的代价显著降低，信息传播所需要的成本也明显低于其他媒介。因此，如何提高真实信息的传播效率，同时控制谣言的传播影响，对于在线社会网络的研究来说尤为重要。而在社交网络的传播预测和控制方面，快速寻找社交网络的骨架结构、完善其缺失的结构信息并厘清影响社交网络中信息传播的因素，对于舆情等信息的进一步控制以及预防潜在的信息爆炸有着重要意义。借助于网络科学，我们能够精准地得到网络结构和信息内容的关联关系，也就可以通过网络传播的信息相应地发展出一系列高效的控制策略。

推荐系统：个性化推荐被认为是目前解决互联网信息过载问题的最有效的工具之一。一个完整的个性化推荐过程包括分析用户行为、设计合理的推荐算法和推荐个性化商品三大部分。在线系统包含丰富的用户个性化网络行为信息，如在线浏览、比价、购买及用后评价等记录。因此，在线系统是网络科学应用的天然土壤。随着在线系统和开放数据源的增加，对大量真实在线系统的数据收集成为可能，并可以分析其网络结构和用户行为特性，建立反映真实用户在线行为的理论模型。在此基础上，利用网络科学的思想、方法和模型构建推荐系统的理论基础，并以此设计高效的个性化推荐算法，有望进一步提高推荐系统在大型在线系统中的应用水平。

城市交通：交通过载是制约城市发展的重要瓶颈。如何实时准确地预测交通拥堵，一直是学界关注的热点。近年来，网络科学领域的一些研究者，比如北京交通大学的闫小勇教授等，从公共交通、导航系统、手机签到等网络数据中挖掘人们出行行为的规律，提出出行行为具有可预测性，对交通拥堵状况和城市发展趋势做了很好的研究。因此，网络科学有望使城市交通管理变得更加合理，使新城镇规划建设变得更加科学，为人们日常出行提供更多便利。

经济发展：一直以来，对区域经济、国家经济乃至全球经济发展水平的研究都受限于统计数据的完整性和准确性。借助于网络大数据的可获取性，研究者强调尽可能获取能够直接反映全体的数据样本。通过应用网络科学和人工智能的相关方法，可以定量化地刻画问题、呈现结果，并具有较强的可解释性和预测能力，能够更为直观而准确地刻画经济发展和竞争能力。电子科技大学的高见博士等研究者在这个方向做出了一系列成果，形成了名为计算经济学的新研究方向。

医疗健康：传统的医药开发从构思、实验到临床、上市等过程十分复杂，耗时漫长。而"旧药新用"的思路可以有效地缩短这一流程，同时挖掘并提高已有药物的利用效率。目前，网络科学正在向这一领域进军。如基于物质扩散原理模拟的"药物－靶标"相互作用模型，被用于药物－靶标相互作用预测和药物重新定位研究，可以从数千种已知药物中快速准确地找到对目标靶标有效的几种药物。因此，该计算方法具有非常重要的理论和现实意义。类似这样的思路不断出现，推动了网络药理学这一新兴研究方向的形成。

网络科学的应用方向还有很多（见图 11-2），限于篇幅，在此就不一一介绍了。有兴趣的读者可以寻找相关的研究，进行深入了解。

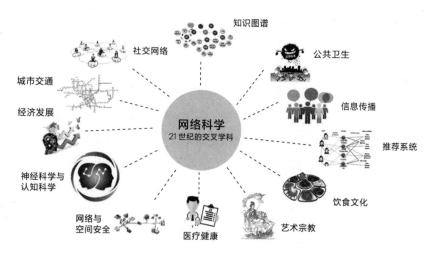

图 11-2 网络科学的应用领域

人工智能，众多个体合力形成的网络智能

观测个体研究群体，或者观测群体推理个体，都离不开对"群体智能"的认识。从微观层面看，单一个体的不确定性会促使每个个体做出不同的抉择。从宏观层面看，个体之间的竞争与合作关系能够使一些确定性的因素涌现出来，并产生可以追溯的规律，也就是"网络智能"。在自然界中，网络智能很常见，比如蜂巢，又如椋鸟遇到自然气候变化时会自主形成"坚不可摧"的队形。

网络智能不仅存在于自然界中，还存在于人类社会中。2019 年，我翻译了一本书《诚实的信号》[1]，该书作者是麻省理工学院的阿莱克斯·彭特兰教授，他是享誉世界的大数据权威。彭特兰教授在书中指出，人类的决策会受到 4 个社会化信号的支配。这一"信号－反馈"机制会让我们的无意识行为呈现出来，进而真实地反映我们的目标与想法。这一机制可以帮我们有效地透视人类社会中的"谎言"，形成更科学的"网络智能"，进而做出更好的决策。所以，无论是在社交行为、总统选举，还是商业谈判中，这类网络智能都有着非常强的应用。

　　《诚实的信号》一书中提到的一个典型案例是"寻宝实验"，以此说明网络智能是如何工作的。在实验中，参与者被分成 6 组，每 3 人一组。每个人都会佩戴一个"社会化测量仪"，该仪器可以在实验过程中记录参与者的真实信息流的涌现、发展以及传递。首先，参与者会被告知去寻找其熟悉人物的特殊标记图像，接着会被问到一些无关紧要的问题，比如有多少人出现在图像的背景中——这些问题没有被事先告知。为了在该实验中达成更科学的群体决策，工作人员首先要求参与者为有多少人出现在目标图片的背景中进行私下投注，再用不同版本的网络智能对这些投注进行组合。然后，工作人员用社会化测量仪来衡量实际、客观的信息流，去除彼

1　阿莱克斯·彭特兰是著名的网络智能研究者、"可穿戴设备之父"，其代表作《诚实的信号》中文简体字版已由湛庐文化引进，浙江教育出版社 2020 年出版。——编者注

此关联度很高的赌注，以便看到网络智能在最佳条件下的表现。最后，工作人员用参与者对信息流的主观印象来检验人们的表现。实验数据显示，当考虑通过客观的社会化数据（即由"寻宝"期间佩戴的社会化测量仪所测得的社交网络结构）来聚合信息时，其估值甚至达到了最佳个人估值的 2 倍，比简单的人均投注的效果要强 5 倍。

在人工智能界，众多个体智能将形成合力，进而涌现出网络智能。机器学习领域的发展就是一个很好的例子，机器会慢慢从环境或网络中学习，进而让自己变得更智能。例如在风控领域中，已有一些金融机构可以利用复杂网络方法，抽取现数据内涵的关联性，从关联中分辨出是否使用类似的信息，并将关联属性与其他金融数据输入深度学习网络中做训练，以此来有效地识别网络欺诈行为。

在人工智能界，众多个体智能将形成合力，进而涌现出网络智能。

网络生理学，一种全新的思维世界观

现在的人工智能可以做很多事情，处理很多问题。下面，就让我们从网络科学的角度来看一下，人工智能的网络智能是如何涌现的，而它又是如何"思考"问题的。

若想探究人工智能的"思考"原理，就离不开"人工神经网络"这一概念。2018 年，彼得·巴塔利亚（Peter W.Battaglia）等 20 多位作者联名发表了一篇论文《关系归纳偏差、深度学习与图形网络》（*Relational inductive biases, deep learning, and graph networks*）。该文详细地综述了"神经网络"以及它的三大构成：全连接网络、卷积神经网络、循环神经网络（如图 11-3 所示）。所谓全连接网络（图 A），顾名思义，就是每一个结点都与上一层的所有结点相连，从而把前边提取到的特征综合起来。相比而言，卷积神经网络（图 B）是卷积计算且具有深度结构的前馈神经网络。而循环神经网络（图 C）则通过每层之间节点的连接结构来记忆之前的信息，并利用这些信息来影响后面节点的输出。

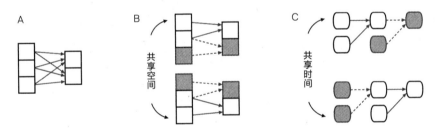

图 11-3　神经网络示意图

那么，为什么卷积神经网络的结构如此设计？而循环神经网络的结构则完全不同？卷积神经网络最早由日本神经生物学家福岛邦彦于 20 世纪 80 年代初发明。在研究过程中，福岛邦彦发现人工神经系统的工作机制可能与真正的生物类似，受此启发发明了神经认知机

（neocognitron）这样一个神经网络结构，进而发明了卷积神经网络。这项发明被认为可能是关于深度学习的第一个成果。

然而，卷积神经网络处理不了时序数据，因此循环神经网络应运而生。现在，很多业界的同事都在用后者来处理时间序列数据。那么，循环神经网络是怎么发明的呢？1933 年，来自西班牙的研究者从大脑皮层实验中发现，大脑皮层内部在受到刺激的过程中，会不断地在神经回路里进行循环 - 反馈。而人工智能研究者借鉴了这种循环 - 反馈的过程，将其应用到循环神经网络的设计中。

以上这几个经典的结构中，如今最常用的是卷积神经网络和循环神经网络。实际上，它们的发明灵感并非来源于数学或计算科学，而是来源于病理学。由此也可以看出，学科之间的交叉十分重要。

如果把神经脑认知和神经元结构对比来看，很容易看到它们之间的相似性。神经网络和机器学习，实际上与脑认知和神经科学中的神经元的工作逻辑非常相似。为了产生更好的效果，现在的深度神经网络中设计了多层结构，从而产生了图形处理器（简称 GPU）。但实际上 GPU 的价格非常昂贵，计算速度也并没有我们想的那么快。

随着逐渐开始了解这个领域，我们发现人工神经网络的上述设计结构存在一定的问题，它可能是与脑科学和神经科学研究的结构不太一样。神经网络里面缺少大脑认知结构的一些基本假设。比如，现有模型中每一层的神经元之间是没有联系的，只有不同层次的神经元之间才有联系。我们现在知道，真正的大脑连接并不是这样的。

目前的研究认为，大脑的层次结构应该是一个类似于金字塔的机构，即越接近底层认知任务，比如进行图像识别的时候，需要用到的神经元可能越多，而执行理解认知的高层任务时，所需要的神经元就会少一些。这也是幼儿识字不多，却能对（包含了文字在内的）图片理解更多的原因。很多计算科学家尝试着做了改进，但仍没有完全考虑将人工神经网络和脑认知本身的一些功能充分结合。

近年来，人工智能领域逐渐开始研究图神经网络，即把网络神经科学中的节点关系或者关系网络加入到现有的神经网络结构当中去，把关系理解为神经网络中一个不可缺少的组成部分，这就从大数据中的相关性判断向因果推理迈出了一大步。

值得注意的是，这里所提到的是一个开放的、并非完全确定的研究成果。网络科学能从中挖掘并利用神经元之间的关联性。不仅同一层内的神经元之间是有关联的，不同层之间的神经元也是有关联的，甚至还有跃层的关联。现有的深度学习算法，每一层只跟它的上一层或下一层相关联，通常没有跃层的联系。但大脑不是这样的，跃层的、远程的连接虽然很少，但依然存在，而且它的激发将非常消耗能量。

这又引出了另一个问题，是不是把神经科学或者网络科学的一些研究成果加到人工智能中就可以直接使用了？事实并非如此，我们应该先思考下如何用的问题。那么，假设我们已经完全了解了人脑的结构，再将其运用到机器学习和深度学习中去，是不是就能够将人工智能的计算能力改进到现有的算力水平呢？这是另一个更加开放且极富挑战性的课题。

如果从人类离开非洲大陆时算起，人类和人类大脑就在与自然、社会环境的斗争中不断适应，并在资源有限的环境中不断发展。而计算世界里却没有这样严格的限制条件。我们可以无限地为机器供电、扩大内存，不断削弱这样的限制条件，这样一来，人类的能力将得以在机器上延伸。如果把机器做计算任务的优势考虑进去，将人工智能与认知科学的技术、结构和机制结合在一起，能否创造出一些更强大的智能，这是目前业界正在思考的事情。

目前，我们所认知的大数据可能有很多节点，是一个巨大的数据网。然而波士顿大学一个小组所研究的网络模型，其节点数却很少，就像人体内几个不同的器官——心脏、肝、肺、肾等，若将每个器官作为一个节点，那么节点数总共也不超过 10 个。每一个节点都会不断发出持续信号，这些信号构成了一个很长的时间序列数据，这样的数据可以对应检测人体内部网络的协同，类似的研究被称为网络生理学。这个例子表明，有时候即使不使用更大规模的网络数据，也能进行很有意义的研究，因此我们不要忽略小网络的作用。

图 11-4 展示了我们课题组最近刚刚完成的一项研究，我们的初衷是：若想理解大脑、研究人工智能，首先需要要知道大脑到底是什么样的。但现实情况是，我们对大脑不甚了解，甚至连大脑中有多少神经元也不清楚。于是，我们运用网络科学来研究猴子的大脑结构。实验的前提是，我们不伤害猴子，不做侵入性或非侵入性实验。再加上技术、经费等资源的限制，所以原始数据非常稀疏。图 A 是猴子的大脑数据结构，展示了猴子大脑的功能区和神经元。我们通过网络科学的方法预测出它的全脑结构，图 D 是我们的预测结果。通过计算发现，猴子的大

脑密度能够达到以前实验技术测得的 3 倍。从这个例子可以看出，以前需要大量的人力、物力和时间才能做到的事情，机器只需要通过简单的训练和计算，也许只要不到一分钟就能得出结果。

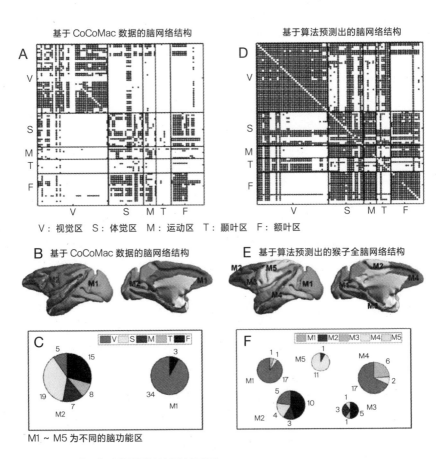

V：视觉区　S：体觉区　M：运动区　T：颞叶区　F：额叶区

M1 ～ M5 为不同的脑功能区

图 11-4　通过网络科学预测脑神经连接结构

通过网络科学把人类大脑的结构补充得更完整，对于研究认知科学、脑认知和大脑科学会有更多的助益。如果我们有更多的大脑科学数据，是否可以借助这些科学数据对更加复杂的结构进行研究，从而更好地理解大脑？如果我们更好地理解了大脑的结构和功能，是否可以将之迁移到机器智能的应用上去？这些问题仍有待深入探究。

大数据——新时代的显微镜

　　彭特兰教授在《诚实的信号》一书中，描述了其希望利用大数据建立起可以应付全球变暖、疾病传播、文化冲突等一系列重大问题的"可感知的社会"。要实现这样的宏图愿景，除了在基础硬件上要有大规模投入外，更需要在思维模式、分析方法上有所突破。因此，如果我们能够打开思维，跨越既有学科之间的鸿沟，广泛借鉴其他学科的既有成果，那么不仅可以使眼前的难题迎刃而解，还有望实现真正可以感知人类社会的"显微镜"。

《链接》

- 艾伯特－拉斯洛·巴拉巴西（Albert-László Barabási）的成名之作，同时也是网络科学理论的奠基之作、社交网络理论的入门之作。作者巴拉巴西证明我们并非生活在随机世界里，真实网络是无标度的。

- 《链接》一书可以被视为复杂网络的基石、大数据时代的开端。巴拉巴西在书中追溯了网络的数学起源，分析了社会学家在此基础上得出的研究成果，最后提出自己的观点：我们周围的复杂网络都不是随机的，都可以用同一个稳健而普适的架构来刻画。这一发现为网络研究提供了一个全新的视角。

《爆发》

- 一本超越《黑天鹅》的惊世之作。如果说纳西姆·尼古拉斯·塔勒布（Nassim Nicholas Taleb）认为人类行为是随机的，都是小概率事件，是不可预测的，那么全球复杂网络权威巴拉巴西则认为，93%的人类行为是可以预测的。

- 巴拉巴西的研究是在人类生活数字化的大数据时代基础上进行的。作者认为人类正处在一个聚合点上，在这里，数据、科学以及技术都联合起来，共同对抗那个最大的谜题——我们的未来。

- 《爆发》一书提出人类日常行为模式不是随机的，而是具有"爆发性"的。爆发揭开了人类行为中令人惊讶的深层次的秩序，使得人类变得比预期中更容易预测。

12

我们真的可以
"复活"已经灭绝的
猛犸象吗？

GENE
EDITING

CH
MIND

EERS
THON

每个人的生命逻辑都是一样的。

魏文胜

北京大学生命科学学院研究员、博士生导师

有这样一幅漫画，漫画中的母鸡对鸭子说："我保证生个鸭蛋。"我们当然知道，不管它自己的意愿多么强烈，这都是不可能实现的。为什么呢？

这就要说到受精卵的秘密了。图 12-1 中有 3 个受精卵，它们分别会成长为怎样的个体？通过图片可以看到，它们最后会发育成海胆、老鼠和海藻。当它们还是单细胞的时候，不管从尺寸还是形状，抑或其他各个方面，都很难区分彼此，但其内部存在的遗传密码决定了其最终发育出的生命形态千差万别。

我们的生命密码

随着人类基因组计划的完成和高通量测序技术的发展，人们读取大量序列信息的能力得到了飞速的提升。"读"的能力提高进一步激发了人们改写生物体内遗传序列信息的需求，而近年来发展迅速的基因编辑技术又大幅提高了"写"的能力。基因编辑是一种特殊的生物技术，能够让研究者对基因组序列或基因转录产物进行人为编辑，以改变目的基因，调控元件的序列、表达量或功能。这一革命性技术一经问世便使生命科学的各个研究领域受到震撼，它必将在未来相当长时间内对人类健康、疾病治疗、新药研发、物种改良以及生命科学基础研究等诸多方面产生广泛而深远的影响，基因编辑技术也是世界范围内竞争最为激烈的下一代核心生物技术。

遗传物质决定生命的最终形态

图 12-1 受精卵的秘密

决定受精卵发育后生命形态多姿多彩的因素虽然很复杂，但回溯到单细胞层面，背后的逻辑非常相似。原因其实很简单，人类的生命密码组成基于一套完全一致的逻辑，即每个人的生命逻辑都是一样的——比如我们都知道人体细胞中有 46 个染色体，具体的密码是 A-T、C-G，然后由它们 4 个排列组合而成。虽然作为基因，RNA 蛋白是最主要功能的载体，使生命的形式呈现出了丰富多彩的样子，但其背后底层的逻辑就是 A-T、C-G 的排列组合。

这也就是为什么任何基因的突变，甚至非常微小的突变，都可能导致各种遗传病，甚至影响人的高矮胖瘦等外在表现。我们通常认为 A-T、C-G 这个组合有几种改变方式，比如 substitution（切换）、insertion（插入）以及 deletion（删除）。

任何基因的突变，甚至非常微小的突变，都可能导致各种遗传病，甚至影响人的高矮胖瘦等外在表现。

这里举的是一个简单的例子，但其实无论是阿尔茨海默病或是大脑的早衰，所有疾病的背后逻辑在分子层面上都可以是非常简单的。这也是人类对基因组序列解读抱有执念的原因，而它也是我们研究生命密码的根本。

对这些序列做一个类比，生命密码是四进制，A-T、C-G，十分简单。在 IT 领域，所有代码表达的信息背后，其逻辑基础都是二进制，不管是互联网巨头的观点，还是人们每天的聊天记录，背后都是0101的序列，人类使用的高级语言虽然脱离了01，但本质上还只是简单元素的排列组合。所以表面上看，01非常简单，但通过它的排列组合能够承载信息的复杂度、丰富程度却往往超出我们的想象。

A-T、C-G虽只是四进制的，但承载的信息量很多，正是这个原因，使得生命非常丰富。

基因编辑的三个动作

生命如此复杂，从某些方面上看我们甚至觉得它永远不可能被超越，之所以如此，是因为人类对生命有新的想法。

> **生命如此复杂，从某些方面上看我们甚至觉得它永远不可能被超越，之所以如此，是因为人类对生命有新的想法。**

我们对序列有三个动作。

第一个动作是"读"。我们要知道基因的序列是如何排列的，排列成什么样子。想要知道这个，思路很简单，就是测序。从最初的测序开始，在将近20年里，我们已经把整个人类的基因组都测完了，只剩下了一点点。如果把它全部打印出来，在《自然》《科学》杂志上同时去发表，必然会装订出厚厚的一本书。

如果再花费几亿美金，把剩余的部分测完，我们是不是就能够获知生命的所有信息以及所有秘密？不一定。但是，测序能为我们了解基因的功能做一个铺垫。相对来说，"读"是最简单的。

第二个动作是合成，也叫"写"。既然知道了序列是什么样的、某个基因序列的排列是什么样的，以及会形成什么突变并造成什么样的问题，那么是不是就可以进行人为的干预、合成或者组装？其实，合成这件事情在我们的体内一直存在。一个细胞会分裂成两个细胞，它其实已经在"读"、已经在"写"了，而且它"写"得非常精确。甚至，从一代到下一代的传承上，基因也在进行"写"的动作——你的基因来自你的父母，而你的父母各自提供一半的遗传信息，合在一起之后就形成了你的基因。所以说，我们早就在无意识地做"写"这件事了，而且每天都在做。但我们现在讨论更多的是人为的"写"，而化学合成的方法所能"写"的长度，显然远远小于我们自身自然机制所能达到的长度——就拿一个细胞分裂成另外一个细胞这个"写"的操作来说，任何一家公司即使花再多钱也是做不到的。所以在"写"这个动作上，研究难度已经增加了。

第三个动作是编辑。我不是要简单地"读"，也不是简单地"写"，而是要"改"。"写"比较简单，可以遵照我的知识，按照我的意愿把序列排列出来，然后合成。而"编辑"就要求我真的去修改了，这极具挑战——这表明，我可以在个体的细胞层面上对某些细胞或者某个细胞的一些密码进行随心所欲的改变，所以为什么说难度最高，也是因为在这个过程中，不是所有动作都能叫作"编辑"。而且从合规性方面来说，对这个技术的承认也是一个很艰难的课题。

通常我们在讲到基因编辑时会说到两个关键词：第一个是定位，因为A-T、C-G长得一模一样，只是排列组合不一样，所以，如何精确地定位你要"写"以及"编辑"的地方，这是最大的难题。相比之下，第二个关键词"编辑"反而不是挑战，因为它就是你的动作本身。"编辑"的方式很多，它是由执行动作的酶或其他物质来完成的。在整个基因组中完成这样一件事情，我们称之为"基因编辑"（genome editing）。为什么强调基因编辑？因为基因库很大，在基因的汪洋大海里，想要精确地找到要编辑的地方是一个非常大的挑战。

整个科学界对基因编辑的愿景由来已久，但本章讨论的内容更加复杂、高级，也就是在所谓的高等智力体里，如何能够按照自己的意愿做精准的定点敲除或者修改。大家可能听说过基因治疗法CRISPR，其实它只是一个最新的研究成果，更早的还有homing endomclease等各种各样的基因治疗法，只不过真正走进千家万户的是CRISPR。

不管是用蛋白来识别DNA序列，还是CRISPR基因治疗法用RNA来识别DNA，归根结底都是要实现识别这件事，只是使用的角度不一样。

为什么我们想做到准确的定位？是因为我们想做编辑工作。而不定位就无法编辑，也无法确定应该编辑什么。之所以很想做编辑这一工作，是源于我们很想按照自己的意愿来对世界做一些精准的改变。生命科学领域的研究者中，每个人每天做的研究都截然不同，但是大部分实验的工作原理是相通的，并会在几个问题层面上进行拓展研究：基因的用处是什么？

研究发现呈现出了什么问题？基因背后的分子逻辑是什么？事实上，所有研究者都一直想建立一个因果关系——只有知道了基因的前因后果，才可能在疾病治疗的改善上精进，才能够让粮食增产，才能让家畜变得精瘦。所以说，研究生命科学在某种程度上来看是最"功利"的。

基因科学的研究对象包括秀丽线虫、果蝇，更高级的包括小鼠、斑马鱼、猴子等生物，那么为什么要研究这些生物？原因是，科学家可以通过它们来进行遗传学研究——现有的技术已经能够支持我们干净利索地对它们的某些基因进行编辑，然后建立起更好的因果模型。而对这些生物以及模型的研究，最终也是为了研究人类本身。

如果想实现基因编辑，那么我们不只需要这个技术本身，还需要掌握生物信息学的相关知识。如果我们能建立起基因之间的因果关系，那么就能够迅速地找到很多关键问题的答案，比如：基因编辑除了高通量以外，还能做什么？从某种意义上说，基因编辑技术能推动很多关键突破。比如，在农业生产上面，基因编辑技术可以让蘑菇变成黄色的。又比如，我们都知道，苹果在被咬下一口之后，剩下的部分会发生氧化，我们就可以通过基因编辑来干预，以不让它发黄、发褐，或者发黑。基因编辑技术还可以帮助养殖出瘦肉型的家畜。甚至，未来有一天我们还可以"复活"已经灭绝的猛犸象。

基因编辑除了高通量以外，还能做什么？从某种意义上说，基因编辑技术能推动很多关键突破。

对于人类社会来说，基因编辑技术有一个最重要的应用，那就是疾病治疗。现在，虽然经过化学合成的小分子药物依然是主流，但是基因类药物正渐趋兴盛，比如抗体类药物。与传统医疗方式不同，这类治疗并不是对症给你一个化学药片，而是直接应用"基因的手术刀"来治病。

基因编辑技术的四大关键应用

如前文所说，基因编辑技术在基因功能研究、药物开发、疾病治疗和作物育种等方面有着重要意义和广阔的应用前景。基因编辑技术可以在全基因组范围进行基因功能研究，还可以被广泛应用于生物治疗以及药物研究等领域。

应用1：疾病模型构建

事实上，很多疾病的致病机制十分复杂，比如癌症，通常涉及多种抑癌基因或致癌基因的遗传改变。因此，构建适合的疾病模型对探索疾病的发生和进展以及抗癌药物的研制有着重要的意义。对于已知致病基因的疾病，研究人员可以运用 CRISPR-Cas9 等基因治疗法，构建对应的动物或细胞基因突变模型，从而进一步进行药物或其他治疗方式的研究。对于功能未知或者部分未知的基因，研究人员可以通过构建疾病模型，进一步明确疾病与基因之间的关系。

我们应用基因编辑技术，已经实现了多种疾病的体内和体外疾病模型的构建。目前，科学家们在鼠科动物身上实现了多种疾病模型的构建。对于一些由多基因突变导致的人类复杂疾病，CRISPR-Cas9 基因治疗法可以同时进行多基因编辑，成功构建了神经管细胞瘤和成胶质细胞瘤疾病模型。此外，研究人员还应用 CRISPR-Cas9 基因治疗法为小鼠构建了心肌病和心力衰竭模型，甚至实现了基因单拷贝和多拷贝编辑，从而得到了携带阿尔茨海默病相关突变的细胞。

应用 2：基因诊断与核酸检测

CRISPR 基因治疗法具有用一条向导 RNA 靶向 DNA 或者 RNA 的特点。利用该特点，研究者开发了一系列工具，用于检测样品中是否存在某种特定的核酸，从而实现即时检测病原体、基因分型和疾病监测等功能。目前，该系统已成功用于对塞卡病毒和登革热病毒的不同菌株的检测，具有灵敏度高、便利廉价的优势。

应用 3：靶向基因治疗

广义上的基因治疗是指在 DNA 水平上，通过特定的技术手段，用正常的基因来替换或者补偿突变的致病基因，从而达到治疗目的。常用的基因治疗方法包括用非病毒载体方法、慢病毒载体或腺病毒载体向体内注射正常基因，或者利用近几年崛起的基因编辑技术纠正致病突变等。

传统的基因治疗手段可将正常基因导入细胞，但致病突变依然存在，不能从根本上治愈疾病。而基因编辑技术可以对基因进行精准编辑，从而修复或修饰内源致病突变。因此，以 CRISPR-Cas9 基因治疗法为代表的基因编辑技术在临床治疗上具有广阔的应用前景。

2018 年年初，研究者应用 CRISPR-Cas9 基因治疗法成功修复了小鼠致聋基因 TMC1 突变。还有研究者利用 CRISPR-Cas9 基因治疗法在人类成体红细胞系中实现了 5 个血型相关基因的同时敲除，增强了其输血相容性，为长期输血的患者的同种（同血型）免疫以及稀有血型输血时难以匹配血型的难题带来了新的解决方法。

应用 4：动植物品系培育

与传统杂交等育种方法相比，在农作物或动物基因中进行基因编辑可以精确、快速地培育出新品种。在植物育种方面，利用基因编辑技术可以加速作物培育过程或获得利于其生长的抗性，还可以加速水稻的培育过程，获得抗旱和抗其他类型除草剂的农作物品种等。在动物品系培养方面，同样可以通过基因编辑技术得到具有优良性状的猪、牛、羊等家畜。例如，研究者通过基因敲除获得高瘦肉率转基因猪。在疾病防治方面，利用基因技术对猪进行基因敲除可以对猪繁殖与呼吸综合征（PRRS）病毒建立耐受。

对基因编辑的思考

每年全世界出生的 1.3 亿新生儿中，大约有 700 万人携带着严重的遗传疾病，如果能够对胚胎进行筛查，也许会造福人类，但同时也伴随着争议。在美国国会通过的《2016 年综合拨款法案》中，联邦基金被禁止用于研究对人类胚胎进行可遗传的修饰。

基因一旦发生可遗传的改变，就有机会被扩散到种群中去。随着全球化的加剧以及基因驱动（genedrive）[1]等相关技术的兴起，这种扩散概率和速度会大大提升。另外，基因与基因、基因与环境之间都会发生复杂的相互作用，这种作用的后果难以预料。

比如，一些研究试图利用基因组编辑技术在人类细胞中删除或者灭活 HIV 的受体蛋白 CCR5，以获得抵抗 HIV 侵染的表型。但是又有研究表明，进化过程赋予了 CCR5 重要的使命——抵抗西尼罗河病毒入侵，去除 CCR5 可能会使这部分人感染西尼罗河病毒的风险显著提高。因此，对于在人群中广泛存在的"野生型"基因进行编辑的行为存在不可预测的高风险。在现阶段，也许我们应该优先考虑对突变的致病基因进行矫正，在"野生型"基因上进行编辑则需要格外慎重。

大量基础研究证实了基因组编辑技术的有效性，但临床实践对基因组编辑的精准性和安全性提出了更高的要求。"脱靶效应"目前是基因组编辑技术的"阿喀琉斯之踵"，一旦胚胎中发生了非目的性编辑，可能会造成严重后果。科学家们通过蛋白质工程技术发展出了更高保真度的 CRISPR 系统，但远未达到"零脱靶"的目标。尽管如此，我们依然相信，随着技术的进步和研究的深入，符合医学实践要求的、更加安全有效的编辑工具终将出现。

1　基因驱动是指利用基因工程使特定基因有偏向性地在后代中遗传。

我们相信，在严格规范和安全有效的前提下，对胚胎基因的编辑将有机会给人类带来福祉。然而，技术发展的边界在哪里？如何在推动技术造福人类健康的进程中规避潜在的灾难性风险和伦理困境？这些都是我们要思考的问题。

基因编辑技术无可替代的未来价值

由于可以精确改变内源致病基因，基因编辑技术有望从根本上治愈某些遗传疾病；通过基因编辑技术得到的新品种且不引入外源基因，可以使作物改良的过程更加迅速和安全。基因编辑技术在临床上的应用已经在世界范围内得到重视，如美国国家卫生研究院（NIH）于 2018 年年初宣布，将启动 1.9 亿美元用于体细胞基因编辑研究计划。基因编辑技术正在逐步改变生命科学和医学研究的面貌。

同时，基因编辑技术在应用上也存在着一些亟待解决的问题。例如在靶向基因治疗中，目前该技术应用于人体的案例还鲜有报道，并且追踪时间有限，安全性评估信息不够全面；在靶向基因治疗技术广泛应用于人类之前，科学家们还需要在更多的动物身上进行安全性和有效性测试；基因编辑技术的效率和精准性还需要进一步提高，以确保避免脱靶效应可能带来的副作用；在胚胎中进行基因编辑仍面临着伦理方面的争议，在单细胞阶段进行基因编辑还存在遗传嵌合等问题。

　　随着研究者的不断深入探索，基因编辑技术正在逐步发展成熟，具有极大的研究潜力和广阔的应用前景。相信在不久的将来，基因编辑技术会在人类生产和临床疾病治疗中发挥其无可替代的作用。

推荐阅读

《上帝的手术刀》

● 一本细致讲解生物学热门进展的科普力作，一本解读人类未来发展趋势的精妙"小说"。

● 打开基因科学深奥的硬壳，展现人类探索自身的历史进程，从分子层面出发，重新思考人类的过去、现在和未来。

13

人类可以最终逃过癌症的追杀？

CH

MIND

EERS
THON

生命将自我设计。

季茂业

冷泉港亚洲创始 CEO

很多搞科研的人都知道美国冷泉港实验室，这个实验室只有几十个研究小组，但它在生命科学领域的成就和影响力是巨大的。首先，它是分子生物学的诞生地；其次，在生命科学研究近 100 年的时间里，它完成了当代分子生物学的很多奠基性工作，培养了很多位领军人才，是全球最高端的生命科学研究、教育、出版综合性平台。2010 年开始，冷泉港实验室在中国苏州建立了为整个亚太地区服务的会议平台，过去 10 年里，这个平台中出现了许多诺贝尔奖得主。当然，诺贝尔奖得主不是我们培养的，而是自然地出现的。我认为在未来的 20 ～ 50 年里，生命科学的发展大方向既重要，更激动人心！

人类可以最终逃脱癌症的追杀

癌症是第一个重要的问题，因为它和我们每个人息息相关。随着现代生命医学研究的迅速发展，我认为在未来某一个时间，人类最终可以逃脱癌症的追杀，解除这一困扰我们生命的达摩克利斯之剑。但我无法精准预测这一结局发生的时间。

癌症在生命科学领域，尤其是分子水平上是一个非常复杂的问题，主要表现为两个方面。第一个问题，从进化学角度来说，癌症实际上是一个遗留问题——它没有受到进化的选择（evolutional pressure），从而遗留下来。理论上说，如果它经历了进化的选择，应该会被这一选择压力剔除。我希望下面的假定情况会帮助读者理解这个概念。如果假定所有的癌症在人们找对象生育之前就已经出现了，而不是在过了生育期的老年阶段才显现出来，那么人们自然会尽力避免和带有癌症基因的患者一起孕育后代（可以继续恋爱甚至结婚，但不生育）。这样的话，携带癌症基因的人群的基因就不会传下去。那么很多代以后的人群中，癌症基因会消失，或者抑制癌症产生的基因会优选而普遍存在。通过进化的选择，这个问题会得到解决，很多致癌的基因会被进化的选择排除掉。但现实并非如此！恰恰因为癌症在老年阶段才出现，所以这些癌症基因没有被进化这把有力的扫帚扫掉，最后癌症还是出现了，这个问题说明了治疗癌症这一顽症的复杂性和艰巨性。

第二个问题就是所谓肿瘤细胞的遗传异质性（genetic heterogeneity）。我们通常会说，每一个肿瘤细胞的基因都不一样，这是个大麻烦！比如一个肿瘤里有万亿个细胞，如果每一个肿瘤细胞基因都一模一样的话，那么只需找到一种药物，就可以把这个肿瘤杀死了。然而残酷的现实是，肿瘤细胞中的基因排列是混乱的，全都不一样。因此在1亿个癌细胞里面，即使你杀掉了大量的细胞，只要有一个肿瘤细胞逃逸，就等于前功尽弃。这个逃逸的癌细胞会在新的地方迅速复制、快速增长，成长为新的肿瘤。更麻烦的是，这个新的肿瘤内的每个细胞基因组成也是不同的。人类为什么最后会被癌症杀死，主要就是这个原因造成的。

对于上述两个问题，学界已经研究了近 30 年，好消息是我们逐渐看到了曙光。2018 年诺贝尔生理学或医学奖颁发给了肿瘤免疫治疗领域的两位科学家。他们总结了目前的抗癌手段，开启了一个大的宏观局面。肿瘤免疫治疗只是众多新方向之一。随着研究的不断深入，投入不断扩大，未来还会有其他的新型治疗手段涌现出来。在众多治疗手段万剑齐发、多管齐下的时代，人们已经不那么谈癌色变，癌症也变得不那么可怕了。在美国，乳腺癌的预后存活率很高。在中国，陈竺和陈赛娟夫妇研究的用三氧化二砷治疗白血病的机理基本明确，在国内的有效率达到了 80%。未来可能很多病人都会带瘤存活，他们体内有癌细胞，但依然可以存活，这是对癌症治疗的最新思路。在不久的将来，我们很有希望看到人类逃脱癌症的追杀，这终将成为可能。

这是一个可以制造神奇的美妙时代

第二个大方向是 AB，即人工生物学（Artificial Biology）。基因编辑也属于这个大范畴。具体来说，人们在充分掌握现有的基因知识基础上，可以设计生命。生命自我设计生命，人造生命，这其实又是一个非常有意思的哲学问题。大概 10 年前，第一个最简版的细胞、人类设计的细胞诞生了，是由克雷格·文特尔（Craig Venter）创造的。他设计了一个可以存活的最简版基因组，其中包含 473 个基因。

在设计这个简约版细胞的时候，文特尔知道为什么很多的基因要被放入，知道很多基因的功能是必须的。比如 DNA 复制、能量代谢这些基因必须放入，才能产生一个正常存活的细胞。有意思的是，还有 100 多个基因，它们的功能不明，但又不可或缺。用文特尔的话说，必须有这些基因，才能启动这个细胞。单纯用有机化合物合成创造出一个有生命的细胞，这是十年前完成的一项了不起的工作！

人们在充分掌握现有的基因知识基础上，可以设计生命。

2017 年，包括中国科学家在内的研究者完成了酵母染色体人工合成，在合成生命领域向前迈出了一大步。跟随这个势头，我们可以非常乐观地预测，未来人类在设计生命、改造生命方面会取得非常大的进展。你知道一些实验室在做什么不可思议的工作吗？举个例子，科学家可以用蜘蛛产生的丝蛋白（非常坚韧），用基因合成方法或合成生物学的方法，人工合成具有超强韧性的丝蛋白。丝蛋白的特性是非常强劲坚韧、既轻又牢，也被称为生物钢。用蜘蛛的丝蛋白编织成的衣服是具有防弹功能的，这就是生物防弹衣，它的重量和丝绸一样，但是强韧到可以防弹。韩国和德国的几个实验室都在做这方面的研究。

还有一个更有想象力的工作，比如说你用含有叶绿体的染料涂刷建筑，就能把建筑变成具有光合作用的房屋。诸如此类不可思议的事情正在成为可能！因此，我们正处在一个制造神奇的美妙时代！

我们的知识是如何编码的？

我个人最感兴趣的问题是，地球上的人或其他高等动物神经系统内的信息是如何编码的？这是一个神经科学的"双螺旋"（double-helix）问题。它异常重要，但很少有人在研究，或许有人在做，只是我们不知道而已。具体来说，大家都知道，人类的大脑可以储存信息，也可以进行信息处理计算。从某个局部可以看到整个大脑网络，神经元网络非常复杂。

我想起雨果的著作《悲惨世界》中的一段情节，雨果用文学角度切入了当时冉阿让面对的问题的复杂性和棘手状态。已是市长、成功企业主的主人公冉阿让得知苦役犯同僚被错认是他而面临法庭重判时，他处于一个两难的局面：是去自首、解救一个无辜的前同牢，还是保持沉默、继续当市长来解救挣扎在悲惨世界里的芸芸众生？后者违反了他新获的宗教信仰，也违反了他善良的本质，前者又和他自身肩负的重重社会责任相矛盾。冉阿让进行了一个晚上的天人交战，这是世界文学史上最经典、最著名的一个细腻又宏大的特写。雨果这样总结了冉阿让此时复杂的内心："世界上最浩瀚的是海洋，比海洋更浩瀚的是星空，比星空更浩瀚的是人的心灵。"我想这个著名的金句正好点到了人文和科学交界的切入点，即神经科学——用于研究比宇宙更浩瀚、更复杂的大脑的科学。

自从出生之后（甚至出生前），我们的大脑每时每刻都在主动或被动地接收信息：有视觉信息，有影像，有文字，还有五官和皮肤接收到的信息，有嗅觉、味觉、听觉、触觉等等，这些信息整合上传到大脑，再被处理或遗忘，或者不经意间形成记忆，变得刻骨铭心，之后这些记忆就存在于大脑的某些地方。这就引出了一个最主要的问题：记忆的物质基础是什么？到底是什么样的机理使我们有了这些记忆？这些记忆是存在于分子水平、神经元水平还是网络水平结构？或者存在于这些结构的某种综合？

在回答这些问题的时候，我们先来看看电脑的工作原理。我们知道电脑的最底层结构是由逻辑线路来实现的。比如"湛庐"这两个汉字，在电脑中是由一系列二进制来代表的。现在，我们理解由电路到最后代表你看到的这两个汉字的工作原理是很清楚的，没有什么难度。当然，在电脑中除了信息的编码，还有运算方式的编码问题，即加减乘除、存取等动作也需要编码。这些计算的操作指令在计算机底层由非常清楚的编码系统来代表和完成。这就是电脑处理信息的最基本的工作原理。

让我们再来看看遗传信息层面的原理。不同于电脑的二进制，生物体内的遗传信息是四进制的，最终由 DNA 双螺旋、A-T、G-C 这 4 个字母进行排列，来表达所有的信息，这个原理也非常清楚。自 20 世纪 50 年代双螺旋问世后，人类掌握的生物遗传方面的知识和技术可谓突飞猛进。现在，人类已踏入了人工合成设计生命的门槛！让我们从电脑、遗传密码回到现实，看看大脑中所有的记忆、所有的知识是如何编码的，是由什么机制支撑的，问题的性质就比较容易理解了。

完整的生命科学宏伟大厦应该建立在遗传编码和神经信息编码都完整解析的坚实基础之上。现在遗传密码、A-T、G-C 已经被完美解析，这栋大厦的一根巨柱已经高高竖起。但另一根巨柱——神经信息编码还有待竖起。这个问题如果解决了，生命科学的大厦就基本完成了。如果说双螺旋是上帝的秘密，那么神经信息编码则是宇宙中最重要的秘密。这个秘密解开之日，人类将踏入不可思议的后科学时代，许许多多不可思议的科学幻想将成为现实。如果华为、阿里巴巴、腾讯明白这个问题，我认为它们应该积极投入，找到这个问题的钥匙。

如果说双螺旋是上帝的秘密，那么神经信息编码则是宇宙中最重要的秘密。

AI 如何成为真正的 AI？

大胆的预测有助于找到解决问题的线索。先看一下编码的机理。遗传信息编码有两个主要的共性：统一性和保守性。统一性即你看到的所有生物体是有一套遗传编码系统来承载的。这个星球的任何生命都使用同样的遗传子，都是由 ATGC 来编纂的。这套四进制语言是地球生物所共用的。

保守性是指同一个基因在不同的物种里面被重复使用，有不同的版本，因为进化的原因，最早一个版本的基因会发生突变，产生新的变异版，开发出新的功能。自然界不会为了一些新的功能而从头开发新的基因。如果一个基因好用的话，自然会继续使用，之后在这个基础上再创造。英文中 "won't reinvent the wheel" 很好地说明了这个问题。我可以预测神经信息编码一定也遵守着统一性和保守性这两条基本规律。统一性在于神经信息编码原理应该是适合所有生物的。保守性可以预测在海胆、猴子、猩猩身上的记忆原理和人身上的应该不会差很多。因此为了解开神经信息编码之秘，应该去寻找最简单的生物系统去解析。

拉斐尔·尤斯蒂（Rafael Yuste）是哥伦比亚大学的西班牙裔科学家。他在用一个简单、透明的海洋生物水螅来尝试解析神经编码的机理。他的想法是一个生物的所有神经元总集合中，任意子集神经元的排列组合可形成某种编码机制。任何一个子集的神经元可被激化或者抑制。如果神经元激化是1，没被激化或抑制就是0。不同抑制或激化的神经元组合形成了编码。举例来说，100个神经元中有4个子神经元ABCD，它们的激活和抑制状态就可以完成一个编码，ABCD的状态与ABDE的状态形成了完全不同的编码，可以对信息在脑内进行编码代表而储存。现在研究的模式生物只有100多个神经元，可以人工逐个激活神经元或者并起激活，也可以三三两两地组合激活，来做这个研究。然后看这些不同状态的神经元的排对组合是否蕴涵信息，这些信息是否可以复制、读出、重写。这个是神经元水平的编码尝试。而在分子水平上2018年有报道说RNA参与了记忆的完成。具体来说，蜗牛被电极刺激以后，它就会收缩。将被电极刺激训练的蜗牛体内的RNA提取出来，再把这个RNA注入未被刺激过的蜗牛体内，研究者发现未被训练过的蜗牛也会收缩，这是否说明RNA参与了记忆？

这两个研究表明神经信息编码有可能是分子水平，也有可能是神经元水平。这方面的研究很少，绝大部分的神经科学家都在神经元水平做一些电生理或行为学研究。但是我认为神经系统编码原理，即神经信息编码的"双螺旋"问题更为重要，需要做这方面的研究。如果成功解密，未来世界会不可想象。比如可能会出现跨物种的沟通，人类可以和猫、狗进行沟通。人与人的沟通也可以真正达到默契而心有灵犀一点通。人的记忆可被一次性输入或读出！学习将是迅速又高效的。总之世界将再也不是现在的样子了。在这个基础上，AI才会成为真正有意义的AI。

人类的未来在何处？

　　人类面临的一个很大的限制就是，我们的生命非常短暂，而现在飞到最近的星座也要很多光年。我们对生命科学的发展理解到什么程度？人类其实是一种信息流，我们无非是基因密码的一个载体。比如，把我们的所有基因密码用一个 U 盘或者一个脉冲发送到另外一个行星上，我们自己也就不需要去了。

　　以我对生物学和化学的了解，人类这个物种或者新的物种在新的环境下一定会产生变异，以适应新的环境，生存下去。所以如果像人类这样的物种未来到达了火星或者另外一个星球，说不定这个物种就会产生新的变化，产生一个新的物种。事实上，人类基因的 30 亿个密码中，任何位置都可以产生突变，哪个突变被发现适合在新的环境中生存，哪个突变就是有益的，就会使携带它的载体发生改变。这是一个数理统计的问题。

《虚拟人》

● 人类躯体死亡后，思维是否有可能继续存在，从而实现思维不朽？思维克隆人、网络人等虚拟人将如何颠覆人类对"我"的定义？

● 比史蒂夫·乔布斯、埃隆·马斯克更偏执的"科技狂人"——玛蒂娜·罗斯布拉特（Martine Rothblatt）缔造不死未来的世纪争议之作。吴甘沙、胡华智、彭凯平、苟利军、刘慈欣、雷·库兹韦尔、克雷格·文特尔（Craig Venter）等联袂推荐！

《最后一个人类》

● 作者马克·奥康奈尔（Mark O'Connell）通过长期采访并亲自参与致力于根除衰老、破解死亡的个人和团体，最终写就了这本温柔、幽默、充满爱意的书。

● 英国著名作家、《橘子不是唯一的水果》作者珍妮特·温特森（Jeanette Winterson），《时代周刊》《科学》杂志、美国国家公共广播电台一致推荐！入围英国皇家学会科学图书奖、全球最权威的非虚构类贝里·吉福德文学奖。

● 《最后一个人类》描述的世界中就有这样一群人，他们是少数
社会极客，是超人类主义者，他们正在利用技术增强身体素
质和心智水平，通过与机器的交融来重塑自我，打造更理想
的形象——半机械人。他们正在对人类当前的存在形式进行
一场革命。

14

太空挖矿将为人类赋予新文明？

CH
MIND

EERS
THON

走向太空是根植在人类
心中的流浪火种。

苏萌

香港大学空间科学实验室执行主任

走向太空是根植在人类心中的流浪火种。特斯拉的创始人埃隆·马斯克一直希望建设火星基地，带着100万人移民火星，使人类成为多星球物种。火星或许可以成为人类的第二家园，我们可以花100年左右的时间将其改造成适合人类居住的环境。现在我们已经在火星的地下发现了液态水存在的证据，所以其实是有这样的可能性的。在10～20年之后，也许真的会出现我们期待中的情景，使人类完成最初的太空移民行动。在一些科幻电影和文学作品中，人类已经离开地球前往火星，甚至带着地球跑。对于人类来说，思考这些问题，以及思考本身都是非常有价值的。

我们为什么要探索太空？

我们为什么要探索太空？这是一个有用又没用的

话题，我试图把它变得非常有用。首先，我们为什么想去做这件事情？因为对太空的好奇心和对宇宙的未知。想了解某件事情本身是人类文明前进的原动力，是一个本质的动力。不管我们做什么事情，想往前走都要靠这个动力。

想了解某件事情本身是人类文明前进的原动力，是一个本质的动力。

从天文学家的角度来讲，他们好奇的是什么？其实是最本质的东西：这个世界是由什么组成的？有什么样的运动规律？会认真思考的人类是不是孤独的？这并不是科幻的话题。20世纪是物理学的世界，有一种理论指出，我们能看到的地球上的大多数物质都是重子物质，由几种基本粒子组成。以此为出发点，一个最大的进展是，我们发现宇宙的大部分是未知的。对于宇宙，为什么人类能达到今天这样的认知程度呢？制造出望远镜、发现木星有卫星等事实改变了人类最开始的认知。今天，我们把望远镜做得越来越大，不仅放在地面上，还要带到太空中去收集宇宙的信息。对这些信息的认知使宇宙学、天文学有了现在的成就。

就像人类基因组中存在大量的未知片段，但我们不知道它们有什么用，发现它们的作用是我们下一阶段需要面对的问题，在宇宙学中也是这样。20世纪对宇宙最大的认知就是我们是无知的，我们认识到了自己的无知。以前我们所认知的宇宙中的普通物质仅占宇宙所有物质的4%左右，剩下的是暗物质——黑暗的、看不见的物质，是我们不了解的。除了大量存在的暗物质，暗能量也是一种神奇的东西，它让整个宇宙的膨胀越来越快。但这只是一个我们在过去 10 年、20 年里看到的现象，所以我们要制造出更多更先进的望远镜，继续观测宇宙。

宇宙中也有"长城"，这个长城是什么概念呢？某些光学物质的分布导致暗物质的分布不是均匀的，形成了一种类似长城的结构，我们叫它大尺度结构。这不是直接观测得来的，而是用数据模拟得来的。为什么暗物质会形成长城一样的结构？它本身对于我们理解宇宙有什么价值？作为一个事实，反思宇宙为什么会走到今天，回顾它的过去、展望未来，又会产生什么样的价值？

今天，人类大脑中神经元的数量已经达到了千亿级别。可观测的宇宙中，星系的个数也处于这个级别，它们通过暗物质的网络连接起来，这就是我们认知中的可见宇宙，我们能看到的宇宙就是这个样子的。

在过去几百年的时间里，每一个阶段人类对宇宙都有一个一致的理解。在过去的 10 年、20 年，我们进入了一个精确宇宙学理解的时代，对这个宇宙的讨论是定量的，甚至是误差可以精确到 1% 的宇宙学。宇宙的年龄就是 138.1 亿岁，我们可以非常自信地这样说。

20 世纪的时候，量子力学是物理学的重大突破，基础科学的突破会带来一个全新的科技发展。今天我们对暗物质和暗能量的理解，会成为 21 世纪，以及很长时间之后影响人类科技或系统科学的重要因素。

要么你是孤独的，要么不是

除了科学家拥有好奇心，很多人也会问有没有外星人，有没有适合人类居住的其他行星，有没有其他外星生命存在，以及它们有没有可能演化成与今天的人类差不多的高级别的存在。

阿瑟·克拉克（Arthur C. Clarke）说过这样的话：要么有，要么没有，要么你是孤独的，要么不是。不论哪一个答案，都是会让我们感到很害怕的结果。

费米问过这样一个问题：如果存在外星生命，为什么今天依然没有被发现？今天人类的科技已发展到这样一个阶段，为什么我们还没有找到外星生命？它们在哪里？我之前做过的一项研究发现，银河系中有肉眼看不到的气泡结构，当时用的是费米望远镜，于是我们叫它费米气泡。发现费米气泡意味着什么？难道是发现了外星人吗？为了回答这个问题，我强调了一种可能性，如果你往遥远的星系里面去看，观察星系中大量的能量，你会找到高级文明吗？不需要看到它，仅仅是它对生存环境天体物理的影响就造成了大范围的、有意思的讨论。

说到费米这个问题，在宇宙学尺度上，天体物理学家在几十年前就对文明有了一个定义，或者说一个评估。这个评估说文明应该分成不同的阶段，按照文明对所在天体物理环境下或者位置下的能源、资源的使用情况来分类。充分利用所在行星（对于人类就是地球）的环境和资源是文明1.0，充分利用宿主恒星系的环境和资源是文明2.0。今天的人类文明还没有突破地球的局限，还没有走出地球，现在大概是文明0.7

阶段——我们还在路上。你会发现，在138.1亿年的宇宙长河中，人类在某一瞬间出现了。文明一旦出现，就会走进一个非线性的、非常快速的过程，从文明1.0到文明2.0。这个过程会快速到什么程度呢？

以前大家讨论的时候，一定会觉得这是科幻电影中才有的情节。然而在2017年，美国夏威夷的一台望远镜发现了一个天体，观察者意识到它非常奇怪，太阳系里从来没有出现过这样一个天体。当时的哈佛大学天文系系主任认为这就是从前的外星生命，不管它是否存在，都遗留下了文明的残骸。至少到现在还没有人能够反驳这种观点，只能说其他天文学的可能性是存在的。

这个问题可以追溯到什么问题呢？20年前，天文学家会认为地球产生的条件非常苛刻。就在过去的20年，我们发现太阳系旁边的比邻星有行星存在，而且是一个行星系统。《三体》里说的是真的，行星大量存在，适合生命存在的环境也大量存在。在这种情况下，是不是真的会有外星文明出现在我们周围呢？

霍金在去世之前启动了一个名叫"突破摄星计划"的项目。他建议我们发射一个探测器，以20%的光速飞到比邻星旁边，去看一看那里是否适合人类生存。

但凡人能想象之事，必有人将其实现。想象力本身，对我们来说非常重要。

但凡人能想象之事，必有人将其实现。想象力本身，对我们来说非常重要。

人类的未来在太空

今天，关于未来，尤其是 20 年或 100 年后的未来的讨论，阿瑟·克拉克有一条非常有趣的定律——第三定律。这条定律表明，在任何一项足够先进的技术和魔法之间，我们是无法做出区分的。人类能否实现多星球的扩张？在不违反物理学的基础上，我们可以展开充分的想象。

在凡尔纳的一部小说中，人类从想象飞向月球到真正飞向月球花了几十年的时间，而 2019 年刚好是人类第一次登上月球 50 周年。同样有一部作品曾想象 50 年之后的样子，那就是电影《2001：太空漫游》。然而，50 年后的今天，我们并没有再把人送上月球，中国做到了把设备送到月球背面。过去的 50 年中，与太空相关的领域是非常令人失望的，50 年前把人送上去，现在还是在反复把人送上去而已。对太空探索来讲，过去的 50 年我们是失败的。

问题出在哪里呢？至少在我个人看来，没有完成从"纯粹"到"纯粹"，我要完成从"纯粹的科研"到"纯粹的应用"。我们认为有趣不仅仅是有趣，做太空采矿的目的是开采太空资源，突破地球局限，使人类真正走向过去想要进入的时代。

地球周围有许多小的天体，它们是近地小行星。现在已经有 2 万多颗近地小行星被发现，但这只是九牛一毛。它们有什么特点？其内部的物质分布是非常不均匀的。它们时不时会撞击地球，而地球处于太阳系中一个很独特的位置，所以撞得不会太多，也不会太少，仿佛经过了特别精确的设定。

说到采矿，我们开采的是什么呢？

2017 年，有一个小天体从地球周围飞过，大概 0.5 千米乘 0.5 千米大——说大不大，说小不小。天文学家在分析过后发现，这个小天体内部的贵金属含量特别高，竟然比地球上的矿物含量高几个量级。

其实，地球上绝大部分贵金属矿产也是天上的小天体砸出来的，而不是地球自身最开始形成的。相对而言，地球是最不适合资源开采的，因为大部分重要的、有价值的重金属资源都在地球形成的早期沉入地心，我们现在用很轻的元素来构建我们的工业，而真正高效的工业应该基于太空原来的元素分布情况。可以说，所有今天文明下的工业都是基于一个不太有效的方式来构建的，真正有效的方式依赖于太空中的资源。

如果我们开采回来的小天体预计价值约为 1.7 万亿美元，那么为什么不去开采呢？首先，我们对小天体的理解不够，航天技术的发展水平也不够。美国、日本、欧洲各国、中国都计划把小行星或者彗星内部的物质带回，进行科学研究，而且已经有了一定的积累和进展。所以，我们现在要做的是把科学研究级的技术拓展到工业级，完成工业化大规模的应用。从长远来看，这是我们希望做到的事情，不是我一个人这样想。美国有公司对太空采矿进行了研究，认为 20 年之后就可以将其变为现实。

2009 年，詹姆斯·卡梅隆（James Cameron）拍摄了电影《阿凡达》（*Avatar*），电影中描述了 2154 年人类到潘多拉星球去采矿的情景。在 2019 年，也就是电影拍摄十年后，美国人已经走在太空采矿的路上了。全球几十家公司已经开始行动。希望我们中国人在未来的一段时间内也能够在太空资源开采史上留下一笔。

500 年前，在大航海时代，哥伦布和麦哲伦是怎么发现新大陆的？当时的西方人对东方的黄金、香料感兴趣，而发现新大陆的过程就是一种对资源的追逐。现在是人类从地球走向太空的过程，对资源的需求会成为我们理解太空、理解未来乃至理解宇宙的重要环节，这个环节可以让我们更有效地利用更多的资源，去完成对太空的探索。

好奇心在让我们往前走，谁也挡不住

爱因斯坦曾说过一句话：宇宙中最不可思议的事，就是宇宙竟然是可以被理解的。人类需要反复地验证我们对宇宙的理解，而这个理解本身会让你非常惊讶。

我们今天讨论更多的是人，有我们存在，才能去理解它。而这种复杂度，包括人脑的复杂度和宇宙的复杂度，非常相似，也可能是一个巧合，也可能不是巧合，还有其他更有趣的东西存在。

若想理解宇宙，就一定要往前走。好奇心在不断地推着我们前行，谁也挡不住。随着生命的前行，我们将会跨越文明 1.0，形成这种文明的前进反哺文明本身的过程！

到底在天上探寻暗物质，
还是在地下探寻暗物质？

我们到底应该在天上探寻暗物质，还是在地下探寻？

关于这个问题，我们需要了解一下暗物质本身。我们之所以知道它的存在，是因为引力存在——在引力周遭，某个东西改变了光线的方向，并且改变了行星运行的轨迹，所以虽然我看不见它，但是它一定存在。那么，暗物质是什么呢？我们这个世界是粒子的，具有粒子属性，因此粒子物理学家非常自信，在他们看来，什么都可以被拆成粒子，这是哲学和物理学曾经告诉我们的事实。现在，我们就直接把它延拓到未知的世界，将暗物质也定义为粒子。

如果这个假设是正确的，暗物质真的是粒子，那么现在把它在大型强子对撞机中对撞一下，说不定就能撞出特别高的能量来。暗物质本身存在于宇宙中，我们一直在等它过来，仿佛守株待兔一般。在地球周围一定会有暗物质，至于有多少，我们不知道，暗物质与正常的物质有没有相互作用，我们也不知道，我们要做的就是在那儿守着。

当然，我们也可以再主动一点，到天上去探测。处处都有暗物质，暗物质和暗物质之间也有可能碰上，经过相互作用产生一些其他的粒子。产生的这些次级粒子是我们知道的、了解的粒子，比如正电电子，可以和其他粒子产生作用，于是我们就观测这些粒子。我们看的不是暗物质，而是它产生的次级粒子和一些能量，以此来推断暗物质的特性。

《暗物质与恐龙》

- 6 600 万年前，一个城市大小的物体从宇宙而来撞击了地球，造成了一场毁灭性的灾难，这场灾难导致恐龙灭绝，还有 3/4 的地球生物。这一灾难性事件的原因是什么？

- 如果导致恐龙灭绝的那起灾难事件是由暗物质引起的，你相信吗？暗物质是什么？为何远在宇宙太空的暗物质会和地球上的恐龙有着千丝万缕的联系？宇宙万物又是如何在看似无关的情况下联系在一起，从而改变了世界的发展的？在这本书中，你将得到答案！

正在涌现的未来

雪球在成为雪球之前，不过是零散的雪花。

地球在成为繁盛的今日之貌原初，不过是宇宙间的一片虚无。因为大爆炸，地球开始孕育，继而诞生，接着裂变，然后整合，最终成型。

乔布斯在成为享誉世界的天才、苹果公司的创始人之前，不过是一个在车库中倒腾新玩意儿的大学辍学生，虽然有着巨大的激情和天赋，但是对创业以及经营没有丝毫的经验，甚至在公司成立之初，他和他的同伴斯蒂夫·沃兹尼亚克（Steve Wozniak）还是以随性的方式管理着公司，而从放任自流到天才领导者的蜕变，一切都要从他遇到迈克·马库拉（Mike

Markkula）开始。是马库拉赋予了苹果今时今日的精神。

这样的故事还有很多，而且正在不断涌现。

每一种未来，都需要一个真正的引爆点，就像雪花汇集成了雪球、大爆炸孕育了地球、马库拉最开始引爆了苹果一样。而未来的引爆点，在今天被技术不断重塑的智能世界中，就是我们不得不关注的众多大问题，这些大问题囊括人与机器的终极关系、终身学习时代最关键的问题以及商业、教育应该走向何方等问题。这些问题并不是彼此割裂的，也不是只有相关领域的人才应该去想的，而是应该融合起来去思考——因为，每一个想要获得无与伦比成功的人，都要去重新定位自己与机器的关系，都要竭尽全力把自己变为社会网络中的大节点，都要有一种应用集体智能的能力，以及都要向我们的人类老祖宗学习，做一切事情都要以最小的成本去抓取最大的利益。我们应该做的是真正把这些问题所提供的新思维进行内化，然后升级成自己的一套世界观、一种思维工具，这种思想者的第二天性会让你在创新的道路上走得更长远。

因为这些跨界思维的不断涌现，对于世界正在被颠覆的脉络，我们也可以如管中窥豹般寻获一些迹象。最重要的是，你可以看到我们的世界正在发生什么，以及将会发生什么。这是一场智力的极大冒险，《那些比答案更重要的好问题》这本书能够给你的，就是当下世界各处正在发生的"微震"，从而让你去深入思考当下迫切需要思考的 14 种未来的可能性。只有更全面的信息源与跨界思维的合力，才能令你有更客观的答案，更好地看待身边发生的事情——毕竟，这个世界上没有一件事情是孤立出现的，所有事情都是网络的共同作用，一切并非显而易见，一切都是偶然中的必然。你需要从变化中抓到规律，做出及时应对。

从人类诞生伊始，我们就在不断追索，追索过去的历程、当下的成因以及未来的答案。我们寻遍了宇宙星辰的已知奥秘，并初步探秘了生命的本质。幸运的是，我们已经看到了一些暗含在世界表象之下的未知线索——基因编辑、设计生命、太空探索，因为这些新技术的出现，我们可以不拘泥于碳基的身体，可以改变我们的基因缺陷，甚至可以进行太空"挖矿"，获得更"长久"且更"富足"的生命。所以，只要我们的思维"活"得更久，世界就会被我们"塑造"得更有益于人类。

未来正在涌现，你应该最先看到。

未来，属于终身学习者

我这辈子遇到的聪明人（来自各行各业的聪明人）没有不每天阅读的——没有，一个都没有。巴菲特读书之多，我读书之多，可能会让你感到吃惊。孩子们都笑话我。他们觉得我是一本长了两条腿的书。

——查理·芒格

互联网改变了信息连接的方式；指数型技术在迅速颠覆着现有的商业世界；人工智能已经开始抢占人类的工作岗位……

未来，到底需要什么样的人才？

改变命运唯一的策略是你要变成终身学习者。未来世界将不再需要单一的技能型人才，而是需要具备完善的知识结构、极强逻辑思考力和高感知力的复合型人才。优秀的人往往通过阅读建立足够强大的抽象思维能力，获得异于众人的思考和整合能力。未来，将属于终身学习者！而阅读必定和终身学习形影不离。

很多人读书，追求的是干货，寻求的是立刻行之有效的解决方案。其实这是一种留在舒适区的阅读方法。在这个充满不确定性的年代，答案不会简单地出现在书里，因为生活根本就没有标准确切的答案，你也不能期望过去的经验能解决未来的问题。

湛庐阅读App：与最聪明的人共同进化

有人常常把成本支出的焦点放在书价上，把读完一本书当作阅读的终结。其实不然。

时间是读者付出的最大阅读成本
怎么读是读者面临的最大阅读障碍
"读书破万卷"不仅仅在"万"，更重要的是在"破"！

现在，我们构建了全新的"湛庐阅读"App。它将成为你"破万卷"的新居所。在这里：

- 不用考虑读什么，你可以便捷找到纸书、有声书和各种声音产品；
- 你可以学会怎么读，你将发现集泛读、通读、精读于一体的阅读解决方案；
- 你会与作者、译者、专家、推荐人和阅读教练相遇，他们是优质思想的发源地；
- 你会与优秀的读者和终身学习者为伍，他们对阅读和学习有着持久的热情和源源不绝的内驱力。

从单一到复合，从知道到精通，从理解到创造，湛庐希望建立一个"与最聪明的人共同进化"的社区，成为人类先进思想交汇的聚集地，与你共同迎接未来。

与此同时，我们希望能够重新定义你的学习场景，让你随时随地收获有内容、有价值的思想，通过阅读实现终身学习。这是我们的使命和价值。

湛庐阅读App玩转指南

湛庐阅读App结构图：

12+图书订阅服务
纸质书
有声书　读什么
电子书

泛读：一书一课
通读：通识课　怎么读
精读：精读班

优秀的读者和终身学习者　与谁共读

湛庐阅读App

作者、译者、专家、推荐人和阅读教练　跟谁读

三步玩转湛庐阅读App：

读一读 ▾

湛庐纸书一站买，
全年好书打包订

书城

听一听 ▾

泛读、通读、精读，
选取适合你的阅读方式

精读班　一书一课
通识课

扫一扫 ▾

买书、听书、讲书、
拆书服务，一键获取

扫一扫

App获取方式：
安卓用户前往各大应用市场、苹果用户前往App Store
直接下载"湛庐阅读"App，与最聪明的人共同进化！

使用App扫一扫功能，
遇见书里书外更大的世界!

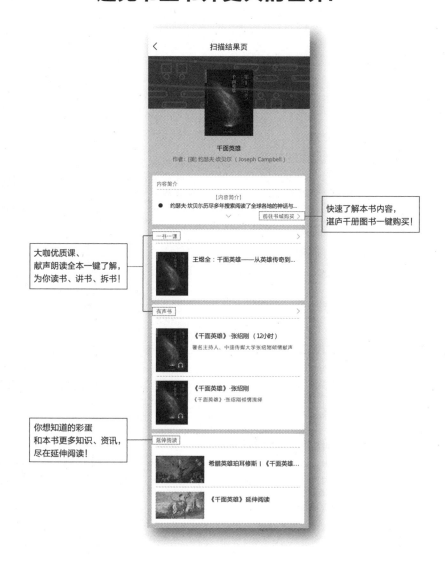

大咖优质课、
献声朗读全本一键了解，
为你读书、讲书、拆书!

快速了解本书内容，
湛庐千册图书一键购买!

你想知道的彩蛋
和本书更多知识、资讯，
尽在延伸阅读!

湛庐CHEERS

延伸阅读

《那些让你更聪明的科学新概念》

我们在宇宙中是否独一无二？如何让每一个人都拥有幸福感？为什么不能"设计"自己的大脑和思维呢？集体智慧让聪明人变得更聪明了吗？还有更多不可预知答案的问题，你将在本书中找到属于自己的答案！

《人类思维如何与互联网共同进化》

我们的心智正和互联网发生着永无止境的共振，人类思维会因此产生怎样的进化效应？本书编者约翰·布罗克曼召集了149位世界顶尖的科学家、思想家及艺术家来回答这个"大问题"。

《世界因何美妙而优雅地运行》

这本书将带你认识理查德·道金斯、史蒂芬·平克、贾雷德·戴蒙德、凯文·凯利、克莱·舍基等"最伟大的头脑"，看他们在思考什么样的问题，从而开启你的脑力激荡。

《如何思考会思考的机器》

如何思考会思考的机器？本书编者约翰·布罗克曼召集了阿莱克斯·彭特兰、史蒂芬·平克、贾雷德·戴蒙德、凯文·凯利、斯图尔特·布兰德等世界顶尖的科学家来告诉你这个"大问题"的答案。

《哪些科学观点必须去死》

宇宙大爆炸是时间的开始吗？与机器人共度一生是不是个好主意？为什么浪漫爱情会让人上瘾？也许，关于宇宙大爆炸、熵、人工智能、进化生物、基因突变……你所知道的科学观点都是错的。

《那些科学家们彻夜忧虑的问题》

未来，我们需要忧虑哪些重大的科学问题？本书编者约翰·布罗克曼召集了152位世界顶尖的科学家，共同探索物理宇宙、生命科学、人工智能、网络趋势、认知神经和心理学等诸多领域的最前沿。

《AI 的 25 种可能》

人工智能是今天的神话，也是其他一切故事背后的故事。本书集结了诸多来自人工智能领域内外的重要思想家的对话，探讨了人工智能的定义及含义。

图书在版编目（CIP）数据

那些比答案更重要的好问题 / 湛庐文化编著 . -- 杭州 : 浙江教育出版社，2020.6

ISBN 978-7-5722-0093-9

Ⅰ . ①那… Ⅱ . ①湛… Ⅲ . ①科学技术－普及读物

Ⅳ . ① N49

中国版本图书馆 CIP 数据核字（2020）第 052705 号

上架指导：商业趋势

那些比答案更重要的好问题

NAXIE BI DAAN GENG ZHONGYAO DE HAO WENTI

湛庐文化　编著

责任编辑： 刘晋苏	
美术编辑： 韩　波	
封面设计： ablackcover.com	
责任校对： 李　剑	
责任印务： 曹雨辰	

出版发行　浙江教育出版社（杭州市天目山路 40 号　邮编：310013）

　　　　　　电话：（0571）85170300-80928

印　　刷： 河北鹏润印刷有限公司			
开　　本： 710mm ×965mm 1/16			
印　　张： 19.75		**字　　数：** 270 千字	
版　　次： 2020 年 6 月第 1 版		**印　　次：** 2020 年 6 月第 1 次印刷	
书　　号： ISBN 978-7-5722-0093-9		**定　　价：** 89.90 元	

如发现印装质量问题，影响阅读，请致电 010-56676359 联系调换。